无敌®学生博识馆系列 5
SUPER EXTENSIVE KNOWLEDGE

Animals

【观察动物家族】

外文出版社
FOREIGN LANGUAGES PRESS

学生博识馆系列 5

观察动物家族

图书在版编目(CIP)数据

观察动物家族：图鉴版 / 陈会坤编著.
—北京：外文出版社, 2013
(无敌学生博识馆. 第5辑)
ISBN 978-7-119-08306-3

Ⅰ.①观… Ⅱ.①陈… Ⅲ.①动物－青年读物②动物
－少年读物 Ⅳ.①Q95-49

中国版本图书馆CIP数据核字(2013)第098513号

2013年7月第1版
2013年7月第1版第1次印刷

- 出　　版　外文出版社有限责任公司
　　　　　　北京市西城区百万庄大街24号
　　　　　　邮编：100037
- 责任编辑　吴运鸿

- 经　　销　新华书店 / 外文书店
- 印　　刷　北京博艺印刷包装有限公司
- 印　　次　2013年7月第1版第1次印刷
- 开　　本　1/32, 920×1370mm, 8印张
- 书　　号　ISBN 978-7-119-08306-3
- 定　　价　35.00元

- 总 监 制　张志坚
- 创意制作　无敌编辑工作室
- 撰　　稿　陈会坤
- 绘　　图　Berni, Borrani, Boyer, Camm, Catalana, Giglioli,
　　　　　　Guy, Maget, Major, Pozzi, Rignall, Ripamonti,
　　　　　　Sekiguchi, Sergio, Wright
- 执行责编　陈　茜
- 文字编辑　杨丽坤　庞思慧　李琳
- 美术编辑　王晓京
- 版型设计　Kaiyun

- 行销企划　北京光海文化用品有限公司
　　　　　　北京市海淀区车公庄西路乙19号
　　　　　　华通大厦北塔六层　邮编：100048
- 集团电话　(010) 88018838(总机)
- 发 行 部　(010) 88018956(专线)
- 订购传真　(010) 88018952
- 读者服务　(010) 88018838转10(分机)
- 选题征集　(010) 88018958(专线)
- 网　　址　http://www.super-wudi.com
- E-mail　service@super-wudi.com

CONTENTS
目录

CONTENTS

[观察动物家族] **Animals 两栖类** 134

CONTENTS

【观察动物家族】 **爬虫类** *176*

观察动物家族

无脊椎类 v.s. 两栖类 v.s. 爬虫类

无脊椎类

动物大致可以分成脊椎动物和没有脊椎的无脊椎动物两大类。目前世界上人类所知的动物种类约有130万种左右，其中无脊椎动物约占95%，而无脊椎动物中的昆虫纲则有80万种之多。

把无脊椎动物中同种类的动物归纳起来，做一分类，可分成原生动物、海绵动物、腔肠动物等20个左右的动物门。无脊椎动物中，从只有一个细胞的原生动物，发展到原索动物（被认为是进化成脊椎动物的桥梁），其身体的构造从低等至高等愈变愈复杂。

昆虫的身体和鸟类、兽类不同，它们体内没有骨骼，以皮肤表面变硬来取代保持体形的骨骼。虾、蟹也都是如此，这叫"外骨骼"。

节肢动物的共同点是身体分节，而昆虫类的特征是头部、胸部和腹部可明显区分出来。距今4亿年前，当时尚无恐龙，但已有昆虫存在。然而，约在3亿年前，类似蟑螂、蜻蜓的有翅昆虫出现了。现今我们所看到的各种昆虫，便是从这些演变而来的。现在地球上所知的昆虫约有80万种，占所有动物的四分之三以上。在我们四周只要寻找就可发现各种昆虫，若再进一步观察它们的生活，将会惊讶它们拥有和食物相配合的口器、敏锐的触角、单复眼及翅等这些适于生存的精巧结构。

两栖类

两栖类是最先在陆地上生活的脊椎动物，在生物的进化史上

占了很重要的地位。据推测两栖类的祖先是在古生代泥盆纪（约四亿五百万~三亿四千五百万年前）时，栖息于淡水的一种总鳍鱼的狭鳍鱼。在古生代（约六亿~二亿三千万年前）的繁盛期，已经出现软脚鱼等体形较大的多数种类。

两栖类的成体具有肺脏，但并不完全离开水，尤其在幼体时代，有鳃，在水中过着类似鱼类的生活。卵无卵壳，胚无羊膜、尿膜，所以不耐干燥，原则上在水中产卵，但有部分种类在陆上的湿地、植物的叶子或先筑泡沫状的巢，然后产卵。两栖类最大的特征是皮肤裸出没有鳞片或毛，但具有很多粘液腺。在成体时期用肺呼吸外，皮肤也分担不少呼吸功能。一般两栖类大多没有自卫的武器，除夜行性外，不少种类以体色变化产生保护色，或拟态伪装借以保护自己的安全。

爬虫类

爬虫类的祖先出现在古生代的石炭纪（约三亿八千万年前），被认为是由爬虫类与两栖类的中间型的蝶龙类演化分出来的，因为能产生具有耐干性的卵，所以能完全适合陆上的生活。在中生代（约二亿三千万~六千五百万年前）时巨型的恐龙繁荣于地球，创造了所谓的爬虫类时代。

爬虫类的卵被包在具有强大耐干性的卵壳，内有羊膜和尿膜（有羊膜卵），刚出生的幼体具有和双亲同样的体形，从此能完全过陆地的生活。爬虫类的皮肤只有少数的分泌腺，所以显得干燥，以至表皮变成角质化的鳞片包在体表上。水生种类皆用肺呼吸，部分以皮肤呼吸补充。心脏的构造是二心房一心室，骨骼已具有高等脊椎动物的特征，原则上有胸廓形成，四肢发达，爬虫类普遍地适应地中及海洋等所有的环境。

原生动物

①草履虫　　②团藻
③钟形虫　　④喇叭虫
⑤变形虫　　⑥毛口虫
⑦单胞藻　　⑧唇滴虫

● 在池塘里的一小滴水中所含有的主要原生动物。

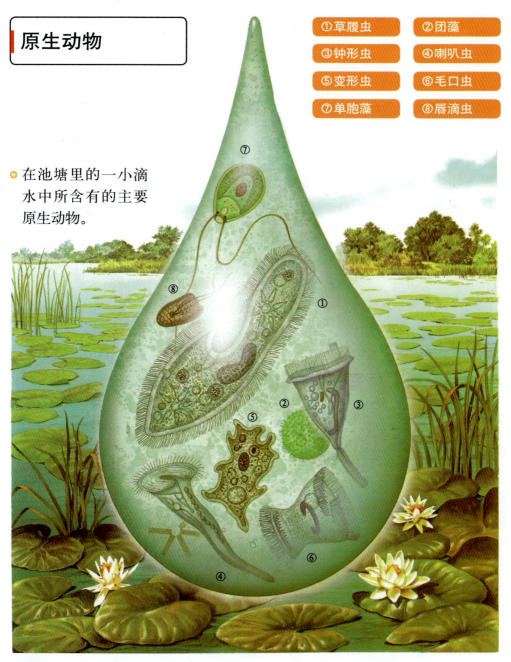

原生动物能自由摄食、活动吗?

原生动物非常小，小得只能用显微镜才能看到。虽然如此，原生动物的体内仍具有各种细胞器，其中许多种类可以自由摄食、活动，而且有许许多多不同的种类。

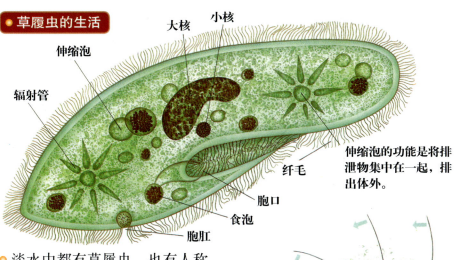

● 草履虫的生活

大核　小核

伸缩泡

辐射管

伸缩泡的功能是将排泄物集中在一起，排出体外。

纤毛

胞口

食泡

胞肛

● 淡水中都有草履虫，也有人称为"小拖鞋"，它们是最完整的原生动物。整个身体只由一个细胞构成，但细胞内具有从摄食至排泄所需的各类器官(细胞器)。

● 仔细看

胞口内有活动的纤毛，可以捕捉食物。

[食物]

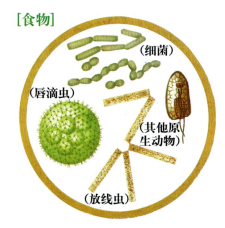

（细菌）

（唇滴虫）

（其他原生动物）

（放线虫）

● 草履虫前进的方向。

● 草履虫在旋转时，它的纤毛会像上图一样，如此运动前进。如果遇到障碍，则会稍微改变方向，向前移动。

● 环境及本身条件好时，进行分裂生殖。

小核 大核

● 环境及本身条件差时，进行接合生殖。首先大核与小核反复进行分裂，小核先互相交换，与大核形成接合核之后，再次重复分裂，直到形成4个草履虫为止。

11

变形虫

体长 0.4~0.6毫米

学名 *Amoeba proteus*

食泡

细胞核

细胞质

伸缩泡

伪足

食物

残渣

❓ 变形虫的身体随时在变化吗?

变形虫的细胞体表面没有表膜,所以身体没有固定的形状,随时在变化。当它身体某部分移动时,就会形成伪足,靠伪足的移动才能运动和摄食。变形虫大都生活在池沼、泥土之中。

● 由下图可看出变形虫的运动方式。

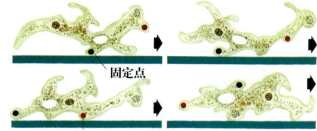

固定点

下一个固定点

[变形虫的运动]

上图是变形虫的移动,从侧面看的话,通常有一个固定点,以这一点逐渐挨近物体的表面,身体越过这一点之后,细胞质就可移动。

● 以其他原生动物为食,当猎物靠近时,立刻将它包围起来,形成一个食泡。食泡在体内运行时被消化,残渣随之排出体外。

眼虫 | 体长 0.05毫米

学名 *Euglena viridis*

🔧 眼虫类靠鞭毛运动吗?

眼虫类都有1~2根鞭毛,这是它的运动器官,虽然也属于原生动物,但是它的体内有叶绿素,和靠光合作用来制造养分的植物非常相似。

(前面)

鞭毛

眼点
(感光处)

伸缩泡

叶绿体

细胞核

(后面)

● 排泄物积存在伸缩泡内,再排出体外。

[眼虫的运动方式]

身体向鞭毛伸出的方向移动,也可以前后,或向旁边移动。

● 原生动物的种类

喇叭虫
Stentor polymorphus
体长1~2毫米

钟形虫
Vorticella nebulifera
体长0.4~1毫米

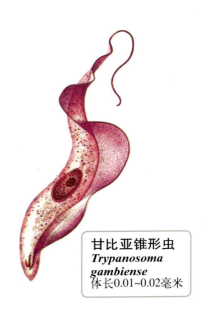

甘比亚锥形虫
Trypanosoma gambiense
体长0.01~0.02毫米

疟疾病原虫
plasmodium vivax
体长0.005~0.007毫米

有孔虫
Peneroplis pertusus
体长0.5毫米

八字虫
Henneguya
体长1.3毫米

[细胞]

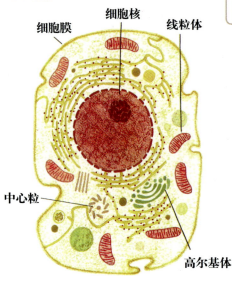

细胞膜
细胞核
线粒体
中心粒
高尔基体

放线虫
Actinophrys sol
体长0.05毫米

- 细胞是构成动物体与植物体的最小单位，上图是构成动物体中最具代表性的细胞。细胞的大小因种类而不同，小的大概是五十万分之一厘米，大的有鸵鸟蛋那么大。原生动物就是指某种动物体，只由单一细胞所构成，而且靠这唯一的细胞生存着。

[细菌]

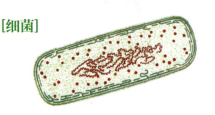

■袖珍动物辞典

原生动物

• 原生动物门

原生动物在所有动物中，是唯一由一个细胞所形成的单细胞动物，一个细胞等于一个个体。大体上可分为变形虫类、鞭毛虫类、胞子虫类及织毛虫等四类。

大都生活在海水、淡水或动物的体内，原生动物和逐渐发达的动物一样，也有各种细胞器。

通常都是无性生殖，也有些靠孢子生殖，还有的靠雌雄接合进行有性生殖。

浮游生物

[食物]

(浮游动物或浮游植物)

浮游生物的游泳能力很差吗？

　　浮游生物生活在海水、湖泊、塘沼等处，游泳能力很差，是在水中过浮游生活的生物群。浮游生物又分浮游动物及浮游植物，浮游动物专吃浮游植物或比自己小的浮游动物。

15

[海中生物的三种生活形态]

浮游生物

游泳生物

底栖生物

浮游生物与食物链

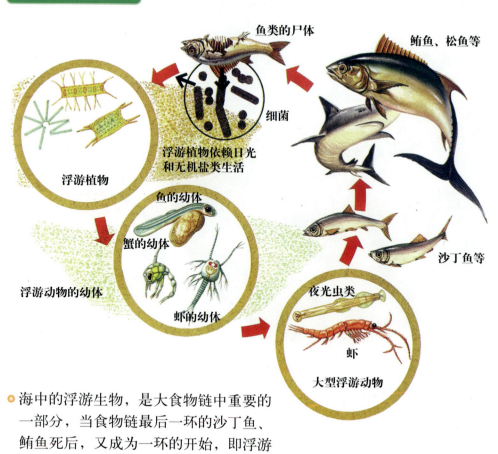

鱼类的尸体

鲔鱼、松鱼等

细菌

浮游植物依赖日光
和无机盐类生活

浮游植物

鱼的幼体

蟹的幼体

沙丁鱼等

浮游动物的幼体

虾的幼体

夜光虫类

虾

大型浮游动物

- 海中的浮游生物，是大食物链中重要的一部分，当食物链最后一环的沙丁鱼、鲔鱼死后，又成为一环的开始，即浮游植物的营养来源。

[各种浮游动物的幼体]

贝类的幼体

海鞘的幼体

海星的幼体

蟹的幼体

海胆的幼体

虾的幼体

夜光虫
Noctiluca
scintillans
直径1毫米

[夜光虫]

原生动物中的夜光虫，属于浮游动物的一种，在夜晚会发出青白色的光，这是因为有许许多多的夜光虫聚集在水面上的缘故，有时也是造成海水变成红潮的原因。

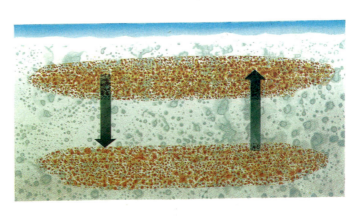

[浮游生物的昼夜]

浮游动物在夜晚会发出强光，聚集在水面上，白天则会沉在海水里，垂直着身体在水中移动。

海绵动物

○海岸边上可以看到成群的海绵动物。

[海绵动物的身体构造①]

○海绵动物的身上有许多的入水孔，通过海水中的浮游生物流入孔中来取得食物，再由口将海水吐出。

海绵动物过着夜栖生活吗?

在海底生活的海绵动物，是多细胞动物中构造最简单的动物，生存在浅海、深海及池沼的底部，过着底栖生活。

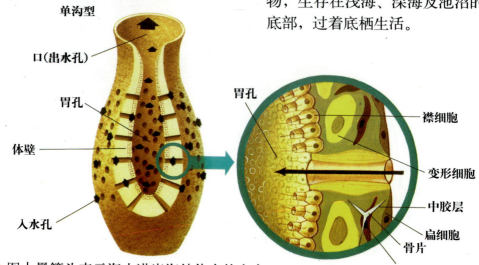

单沟型

口(出水孔)

胃孔

体壁

入水孔

胃孔

襟细胞

变形细胞

中胶层

扁细胞

骨片

形成骨片的细胞

○图中黑箭头表示海水进出海绵体内的方向。

海绵动物的生殖与生活

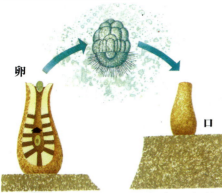

卵

口

● 海绵的口朝下附着在海底。卵从口中出来，成为新的幼体漂浮在水里，经过24小时后，就附着在水底。

[海绵动物的身体构造②]

双沟型

胃孔

鞭毛室

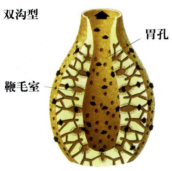

● 此型具有许许多多的鞭毛室。

复沟型

鞭毛室

● 具有无数的鞭毛室。箭头表示海水进出海绵体内的方向。

[偕老同穴海绵]

是深海里的海绵动物，通常立在海底，有时候海水中的小虾会寄居在胃孔里。身体由许多的玻璃骨片组合而成，死后的骨骼(右)就像精致的玻璃制品。

偕老同穴海绵
Euplectella aspergillum
体长2~80厘米

海绵动物的种类

岩岸海绵
Halichondria panicea
体长5厘米

圆柚海绵
Lethya aurantium
直径5厘米

浴用海绵
Spongia officinalis
直径15~20厘米

多孔红海绵
Hymeniacidon sanguinea
体长6厘米

地中海紫海绵
Haliclona mediterranea
体长6厘米

水母、海葵、珊瑚

腔肠动物怎样生存?

水母、海葵、珊瑚所代表的动物群称为腔肠动物。都有像水壶的外形,其中有些像水母在水中过漂游生活,有些就像珊瑚、海葵附着在其他东西上生存(称为水螅型)。

水母
Aurelia aurita
伞口直径
10~20厘米

薮枝螅
Obelia
伞口直径
0.3~0.5厘米

珊瑚
Corallium rubrum
高50厘米

[食物]

(鱼)

(动物的尸体)

(浮游动物)

女魔海葵
Anemonia sulcata
体宽5~7厘米

梅干花海葵
Anthopleura xanthogrammica
体宽5~7厘米

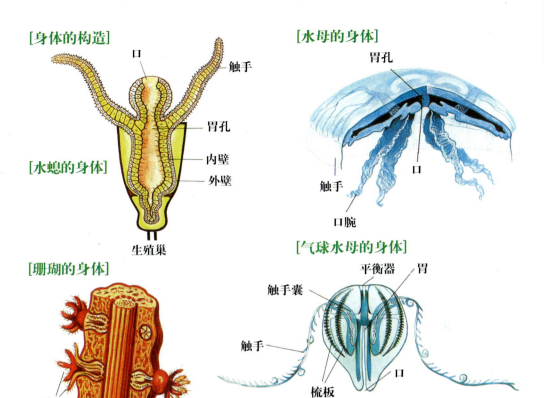

[身体的构造]

口

触手

胃孔

内壁

外壁

[水螅的身体]

生殖巢

[水母的身体]

胃孔

口

触手

口腕

[珊瑚的身体]

触手

轴骨

[气球水母的身体]

平衡器

胃

触手囊

触手

口

梳板

○ 珊瑚是由很多的小水螅聚集在一起，构成一个像树枝一样的东西。在枝干的中心处，有水螅造成的硬轴骨，可以用来做戒指等装饰品。

● 珊瑚礁的模样

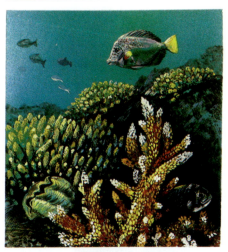

[海葵的身体]

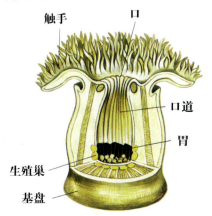

触手

口

口道

胃

生殖巢

基盘

○ 石珊瑚的尸骸上又长出新的石珊瑚，就这样反复循环下去，不久会形成一大片的珊瑚礁。在热带、亚热带的海底可以经常看到。

气泡

[食物]

触手

(浮游动物)

芽

幼体

绿水螅
*Cholorohydra
viridissima*
体长0.5~1厘米

食泡

触手

● 绿水螅是从海水移居到淡水的腔肠动
物，具有吸盘，可以附着在水草或水
中的岩石上。

有两种生殖的方法，无性生殖是由母
体生出芽来，再慢慢长大，最后脱离
母体独立生活；也可以用产卵的方
式，进行有性生殖。

僧帽水母
*Physalia physalis
utriculus*
体宽10厘米

水母、海葵、珊瑚的生活

● 许多水螅型水母聚集在一起，形
成分工合作的群体，各有各的功
能，其中触手的毒性最强。

● 夏末之际，在海中游泳的人常被水母
的刺丝细胞刺到。

● 海葵将整条鱼吃掉的情景。

[海葵的运动]

● 住在北海中的气球海葵，当它受到海星的攻击时，身体会很快地跳开，并游到2~3米之外。

[刺丝细胞]

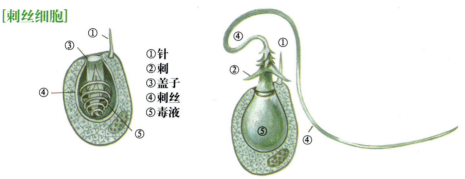

①针
②刺
③盖子
④刺丝
⑤毒液

● 水母及海葵都有刺丝细胞作为武器，当猎物触摸到触手表面的那一刹那，它们会射出刺丝，并放出毒液，使猎物麻痹不能动弹。

[水母的生殖]

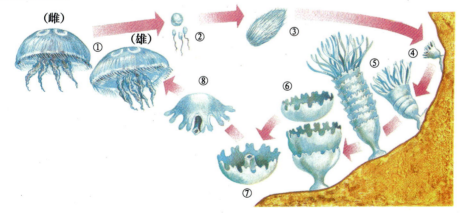

（雌）①　（雄）　②　③　④　⑤　⑥　⑦　⑧

● 水母经过水螅型和水母型两种生活之后，成长为母体。水螅型是用无性生殖繁殖，水母型是用有性生殖繁殖。

①生殖者　②受精　③触须体　④水螅体　⑤指状体　⑥漂浮体

⑦⑧众多的幼体漂浮在海水中，又成为一个新的生殖者。

水母、海葵、珊瑚的种类

幽灵水母

鳗形水母

座灯水母

瓜水母

银币水母

章鱼水母

海鳃

柳珊瑚

红水母

太阳孔

腊葵

海鸡头

寄居海葵的一种

梅干花海葵

菊海葵

脑珊瑚

■袖珍动物辞典

腔肠动物

●腔肠动物门

大部分的腔肠动物和海绵动物一样，沿着海岸线都可以看到，其中某些种类在退潮时，可以在岸边找到。

腔肠动物比海绵动物进化，具有神经、肌肉、感觉器官等结构，它的特征是具有触手。体内的胃腔可消化食物，但是没有肛门，残渣由口排出。

涡虫、吸虫、绦虫

涡虫
Planaria lugubris
体长1.5~3厘米

[食物]

（水蚤等动物）

（横虾）

（蚯蚓）

🔧 **有哪些可怕的小虫寄生在人体里面？**

扁形动物的身体是扁平形的，比腔肠动物更进化一点。其中为人们最熟悉的，要算是涡虫了。它们是雌雄同体，有脑、咽喉、神经肌肉等，但没有肛门。除了涡虫之外，扁形动物中还有吸虫类、绦虫等等可怕的小虫寄生在我们人体里面。

[涡虫的构造]

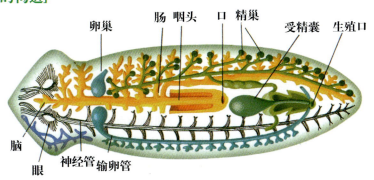

卵巢　肠　咽头　口　精巢　受精囊　生殖口

脑　眼　神经管　输卵管

[涡虫的再生]

将涡虫的头从中间切开成为两半的话，不久被切开的地方，又会长出完整的头，这样，它就有了两个头。

● 笄蛭，体长10厘米，是陆地上的扁形动物。

[住血吸虫]

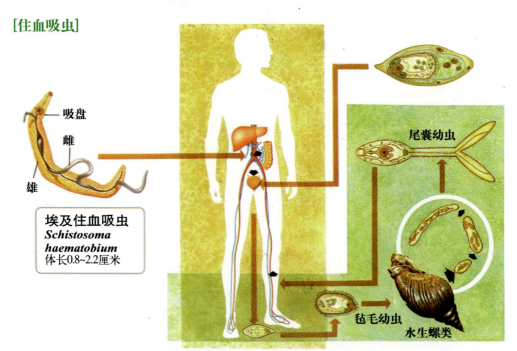

吸盘

雌

雄

埃及住血吸虫
Schistosoma haematobium
体长0.8~2.2厘米

尾囊幼虫

毡毛幼虫

水生螺类

● 住血吸虫寄生在人体的血管里，特别是流入肝脏的血管内，当人体已经死亡时，它仍然存在。它有两个吸盘，雄虫身体中间有一个沟，雌虫就在沟里和雄虫一起生活。

[有钩绦虫]

有钩绦虫先暂时寄生在猪及野猪等动物的体内，人若吃了这些动物，可能就成为新的寄主。有钩绦虫的消化器官及口尚未退化，利用头钩及吸盘吸住肠的内壁，由表皮来吸收营养。身体由许许多多的节片组成，每一节片上都有雌雄两种生殖器可以产卵。

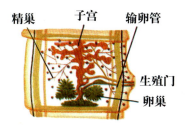

精巢　子宫　输卵管
生殖门
卵巢

●仔细看
绦虫在幼体时期身上的节片。

卵

●仔细看
成虫时期的绦虫，身体的节片。

■袖珍动物辞典

扁形动物

●扁形动物门

这一门的动物身体左右对称，表皮覆盖着纤毛。一般分三种，即能独立自由生活的涡虫、营寄生生活的吸血虫类(住吸血虫、肝吸虫及肺吸虫)和绦虫。

蛔虫

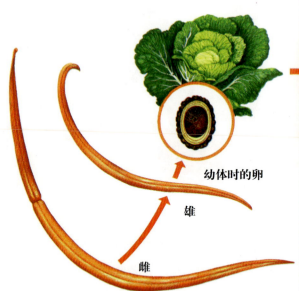

幼体时的卵

雄

雌

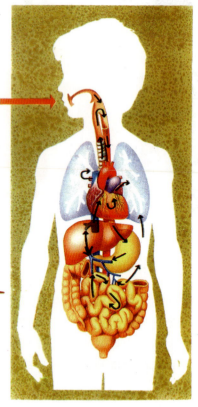

[蛔虫]

人

海豚、鲸鱼等
大型海中动物

海产鱼类

海虾

乌贼

蛔虫

卵

蛔虫是怎样进入人体的？

如果我们使用人的粪便当作浇蔬菜的肥料时，粪便中的蛔虫的卵会随着出来，附着在农作物上。如果这些蔬菜没洗干净，吃到肚子里去，这些蛔虫卵在身体里经过各种复杂的通道，最后在小肠发育为成体。雌的成体能够在一天之内，产20万个卵。

最近人们又发现，生吃海里的鱼或乌贼，很可能把某些蛔虫的幼体或卵也吃下去，所以也被认为是一个严重的问题。

大蚯蚓 体长 7~15厘米
学名 *Lumbricus terrestris*

[食物]
（土中的养分）

🔧 蚯蚓被切断后能长出新的身体吗?

　　蚯蚓是生活在土中最具代表性的动物，属于环形动物。身体是长圆筒形，由很多体节所构成，向前爬行。用口来吃泥土及枯枝败叶，消化后的土由肛门排出。蚯蚓有一项功能，就是它的身体即使被切断了，断的地方也会再长出新的身体。它们和沙蚕及蛭属于同种的动物。

[蚯蚓的身体]

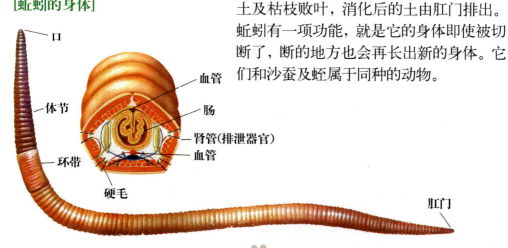

口
体节
环带
硬毛
血管
肠
肾管(排泄器官)
血管
肛门

蚯蚓的生活

🟠 蚯蚓一天所排出粪便的量，相当于它本身的重量。它的粪便是很细的土质，所以蚯蚓也担任耕土的任务。

🟠 根据统计，每10公亩土地的蚯蚓，在一年内所排出的粪土量约为9吨；而蚯蚓要钻松同一面积地表至10厘米深的土地，则需花费11年半，蚯蚓排出粪便的土地，适于长牧草。

[蚯蚓的运动]
蚯蚓用体节伸缩前进。

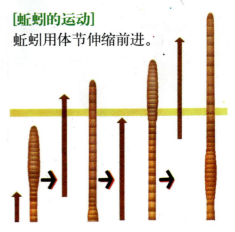

🟠 当蚯蚓身体里的水分缺乏时，就会死亡；当气温下降时，就蜷缩在泥土里呈休眠状态。

丝蚯蚓
Tubifex tubifex
体长20厘米

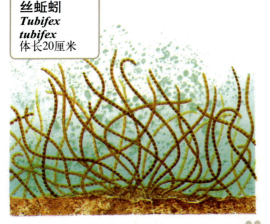

🟠 丝蚯蚓生长在水里，生存在水沟、池塘、沼泽等的水底泥土中。前半身埋在泥土中将身体固定，后半身则随波摇动。

这种丝蚯蚓，是鱼类的饵料。

沙蚕 | 体长 10厘米
学名 *Neanthes japonica*

医用水蛭 | 体长 5厘米
学名 *Hirado medicinalis*

❓ 蛭如何咬破其他动物?

蛭的口里有3枚硬颚,用此处咬破其他动物的表皮并吸它们的血。一次所吸的血可达到体重的10倍;身体的两端各有一个吸盘。

[蛭的运动]

❓ 沙蚕的眼及触角发达吗?

沙蚕栖息在海边的沙、泥或石头下面,是蚯蚓的同类。它的眼及触角等器官非常发达。

[沙蚕的头部]

眼

（从上面看）

触角

口

（从下面看）

● 沙蚕的同类

彩鹬沙蚕
Arenicola marina
体长20厘米

螺旋羽毛枪蝎
Spirographis spallanzai
体长9~15厘米

■ 袖珍动物辞典

环形动物
● 环形动物门

身体有层层环节的动物称为环形动物。多毛类(沙蚕类)有6000种,贫毛类(蚯蚓类)、蛭类、泡蚓、颤蚓及古沙蚕类达7000种以上。它们的消化、循环、排泄、神经等系统,已经相当发达,原来全部生活在海中,后来也逐渐出现在陆地上及淡水中。海中的环形动物是由幼体变为成体,而有些种类的幼体与软体动物是相似的。

软体动物

章鱼

乌贼

双壳贝类

长角贝

螺类（海产）

螺类（陆产）

软体动物都没有骨骼吗?

　　贝类、乌贼、章鱼类总称为软体动物。外形虽然各有不同，但身体构造却极为相似。全世界已知的种类约有10万种，它们各有各的生活方式，生存在水中或陆地上的每一个角落。这些动物的相同特点，就是全都没有骨骼。

软体动物的身体

[乌贼]

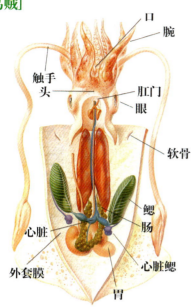

口
腕
触手
头
肛门
眼
软骨
鳃
肠
心脏
心脏鳃
外套膜
胃

[双壳贝类]

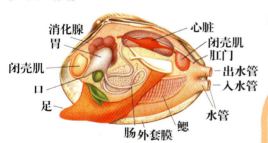

消化腺
胃
闭壳肌
心脏
闭壳肌
肛门
出水管
入水管
口
足
水管
鳃
肠外套膜

[螺类]

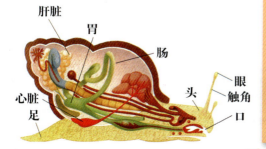

肝脏
胃
肠
心脏
足
头
眼
触角
口

石鳖 体长 5.5厘米
学名 *Liolophura japonica*

壳
口
头
足
鳃
肛门

 石鳖是最原始的软体动物吗?

石鳖是软体动物中，最原始的种类。它没有眼睛，但能牢牢地吸住岩石；以海草为食。在北太平洋岸，有一种石鳖，身体长达20厘米，是比较特殊的种类。

■袖珍动物辞典

软体动物
•软体动物门

本门动物大概分成5纲，头足类是依身体、头、腕等顺序三部分连接在一起的；双壳贝类只有身体和脚(即斧足类)；螺贝类(腹足类)有明显的头与扁平的脚；以及头部不明显的掘足类及石鳖类等。

此类动物的身体，大部分被柔软的外套膜所包住，会从上皮分泌带有贝壳成分的物质。多数属于雌雄异体，而贝类中有很多已经变态了。

大红蜗牛 | 壳高 6厘米
学名 *Cepea hortensis*

[食物]

（蔬菜）
（菇类）
（苹果）

从下面看时

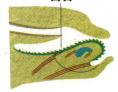

口

[口的构造]

齿舌

软体动物中只有蜗牛能在陆地生活吗？

软体动物中，只有蜗牛能在陆地生活，大部分靠肺呼吸，外壳没有盖，头上有4只触角，其中比较长的触角前端长有眼睛，并可随意缩入体内。

生殖孔
呼吸孔
眼
足
肛门
口
触角

○ 蜗牛口内的舌上长着许多牙齿(齿舌)，以摩擦的方式，咬食树叶。

● 蜗牛的生活

① ② ④

③

● ①②在冬季及夏季的干燥期间，蜗牛把身体缩在壳内，并会产生薄膜封住外壳，紧贴在树干休眠。③④蜗牛具有雌雄两种生殖器，以头部旁边的生殖孔交换精子，并产卵于土中。

● 各种蜗牛

烟管蜗牛

非洲玛瑙蜗牛

[从壳内伸出身体的状态]

红蛞蝓 | 体长 15厘米
学名 *Arion rufus*

● 蛞蝓能吃蚯蚓吗？

　　蛞蝓是蜗牛的同类，背上的外壳已退化变小了。通常栖息在潮湿的地方，喜欢吃菇类，在世界上的某些地方，蛞蝓还会吃蚯蚓呢！

■袖珍动物辞典
蜗牛、蛞蝓

● 软体动物门 ● 腹足纲 ● 有肺目(也有学者列为肺亚纲、柄眼目)

蜗牛动物具有石灰质的外壳，所以多住在石灰岩质的地方。外壳表面的颜色及纹路，因所处环境而异。

因为是雌雄同体，所以有时也会自体受精，但通常靠异体交尾，可产10~100个卵。从卵成长到带壳的小蜗牛，其中并无变态现象。

蛞蝓的生殖与蜗牛大致相同，会产20~50个卵。苹果蜗牛及非洲大蜗牛可供食用。

①文蛤 | 壳长 8.5厘米
壳高 6.5厘米
学名 *Meretrix lusoria*

②峨螺 | 壳长 4.5厘米
壳高 1厘米
学名 *Cochlodina laminata*

① ②

贝类用什么保护自己?

贝类大部分生活在海中,也有少数栖息在河水里及陆地上。身体的外套膜会产生含有钙质的液体,可形成保护身体的外壳。有一种螺类,它的外壳好像层层宝塔,还有一种用两片平壳盖住身体的,叫做双壳贝类。几乎所有的贝类都以吃水中的微生物维持生活。

● 产在海里的双壳贝类中,最大的是巨砗磲蛤,外壳长1.5米,重达300千克,是贝类中最大的一种。

贝类的生活

[海扇]

○ 海扇受到海星的攻击时，会喷水，并快速地逃得很远很远。

[竹蛏]

○ 竹蛏的脚从前面伸出，水管从后面伸出，外形很像理发师的剃刀。

[牡蛎的生长]

由卵变成担轮子幼体②，再变成被面幼体④，漂游水中，（①~④），附着在其他贝壳上长大（⑤~⑨）。

[玉螺]

玉螺是肉食动物，会在双壳贝类的壳上挖洞，吃里面的肉。

> **钝玉螺**
> *Neverita didyma*
> 壳高7厘米
> 壳径8.5厘米

○ 有些玉螺，在捕捉小型贝类或小鱼时，会在它们的身上挖洞，将口吻插入洞中，把猎物吃掉。

章鱼

全长 75厘米

学名 *Octopus vulgaris*

[食物]

(小鱼)

(虾)

(双壳贝类)

(蟹)

[乌贼的口]

❓ 章鱼和乌贼的腕有什么作用?

在软体动物中，章鱼和乌贼是最进化的一群。全都生活在海水中，它们具有大眼睛及附有吸盘的腕(乌贼10只，章鱼8只)，捕捉猎物非常方便，章鱼的腕也可附着在海底随意爬行。

[捕捉猎物的方法]

章鱼、乌贼的同类

仔细看

当危险物靠近时，它们会改变身体的颜色，以保护自身的安全。

[章鱼身体的构造]

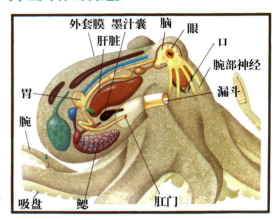

外套膜　墨汁囊　脑　眼　肝脏　口　腕部神经　漏斗　胃　腕　吸盘　鳃　肛门

[乌贼游泳的方法]

欧洲横纹乌贼

斑乌贼

● 像船的甲壳。

章鱼及乌贼游泳时，会从漏斗处喷出强劲的水，像箭一样地笔直前进。遇敌来袭时就喷出墨汁，造成混乱以便逃走。欧洲横纹乌贼身上有甲壳，在水中游泳时，可保持身体的平衡。

[吸盘的外形]

仔细看

吸盘的四周有一圈锐利的牙齿。

[繁殖方法]

章鱼可产下数十万个卵，卵像葡萄一样，累累地串挂在岩壁上。雌章鱼常为卵喷水，以保持卵的清洁，并好好照顾他们。

大王乌贼
Architeuthis princeps
全长 16米
胴体长 9~11米

鹦鹉螺 | 壳径 26厘米
学名 *Nautilus pompilius*

？你知道鹦鹉螺有多少只腕吗？

鹦鹉螺与章鱼为同一祖先，它们像螺类一样，背负着外壳。有60~80只腕，能在水中自由地游泳，只是腕上没有吸盘。

爪鱿
Onychoteuthis banki
胴体长30厘米

光头乌贼
Rossia mastigophora
胴体长7.5厘米

发光乌贼
Watasenia scintillans
胴体长7厘米
体宽2厘米

🔸 大王乌贼最大的有16米，是无脊椎动物中最大的一种。在海里经常和鲸鱼发生争斗，但往往是斗败的一方被鲸鱼吃掉。

🔸 发光乌贼夜晚游近海水表面，身上的发光器会映着海水，发出美丽的荧光。

蓝斑章鱼

○ 蓝斑章鱼生活在热带海洋中，会放出致人于死的毒液。

蝙蝠章鱼

○ 蝙蝠章鱼是生活在1000~4000米的深海中，比章鱼和乌贼还要古老，而又具有双方特征的动物。可以说是一种"活化石"。

船蛸

○ 雌的船蛸比雄的大，一般都不捕食雄的。

白纹蓝海鹿 | 体长 3厘米
学名 *Glossodoris festiva*

○ 海鹿的身体表面有一种特殊的鳃，在正中央有肛门，和螺类很相像。当它由卵刚孵化为成体时，就已经有外壳了。另外，海兔也是海牛的同类。

花点海鹿

■ 袖珍动物辞典

章鱼·乌贼

● 软体动物门　●头足纲

章鱼(又称蛸)、乌贼等头足类，一如其名，在头部的周围有足(腕或触腕)，头上面的腹部被袋状的外套膜所包住。口部具有2个又大又尖锐的颚板，也是强劲的武器；在法国被称为"鹦鹉喙"。它们是雌雄异体的卵生动物，在交尾时，雄的将体内的精荚(是一种精子胶囊)，靠交接腕进入雌的体内。会发光的萤光乌贼也属于头足类，目前有650种。

长金蜘蛛

体长 雄1厘米
雌2~2.5厘米

学名 *Argiope bruennichi*

● 蜘蛛腹部分泌的液体，在接触到空气时便凝固成丝。

[结网的顺序]

在会结网的蜘蛛中，就数这种长金蜘蛛最会结网。

⑦图是长金蜘蛛以丝结成壶状的卵囊，将卵产在里面。

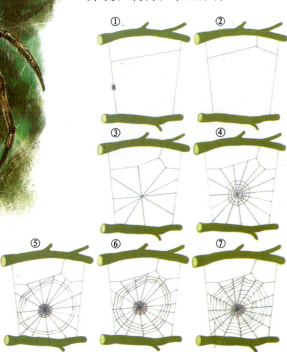

🔲 蜘蛛是怎样捕食的？

　　蜘蛛有4对足，身体分为头胸部及腹部，和昆虫仍然有许多地方不一样(昆虫的足只有3对)。

　　蜘蛛有8个眼。腹部边缘有一个孔，能吐丝结网。当小虫等猎物粘在蛛网上时，会被唾液溶化，最后被蜘蛛吸食。因此，蜘蛛也不能吃很硬的东西。

蜘蛛的种类及生活

山鬼蜘蛛
Araneus diadematus
体长 雄 0.8厘米
　　 雌 1.8厘米

◯ 山鬼蜘蛛通常在屋檐下或
树枝上等高的地方结网。

长脚燕腹蜘蛛
Eurypelma soemanni
体长1~1.5厘米

◯ 虽然长相不佳，可是没有毒。

长脚蜘蛛
Heleropoda venatoria
体长 雄 1.5~2厘米
　　 雌 2.5~3厘米

◯ 长脚蜘蛛栖息在室内，习惯捕
捉蟑螂等室内昆虫，雌蜘蛛将
卵附在腹部，带着四处走动。

蝇虎
Salticus scenicus
体长 0.8~1厘米

◯ 蝇虎喜欢躲在家中的角落，伺机
捕捉苍蝇为食。

小囊蜘蛛
Atypus karschi
体长 雄 1.3厘米
　　 雌 1.8厘米

◯ 小囊蜘蛛会做一个细长的网袋安
放在树干上，捉住小虫后放入袋
中，然后弄破袋子吃掉小虫。

■袖珍动物辞典

蜘蛛

● 节肢动物门 ● 蜘蛛纲 ● 蜘蛛目
属于蜘蛛纲的有蜘蛛、蜱类、螨类、
蝎子等；它们的身体分为头胸部及
腹部。雌雄异体，靠气管、皮肤及肺
呼吸。
目前世上约有3万种蜘蛛，除了4对脚
外，包括有上颚及触肢的2对附属肢。
触肢对雄蜘蛛来说是交接器，而交尾
是将生在触肢内含有精子的精囊，插
入雌蛛的生殖器内即成。眼睛是单眼，
不会变态。

大王蝎 体长 18厘米
学名 *Pandinus imperator*

❓ 蝎子的毒液藏在哪里?

蝎子和蜘蛛及壁虱是同类，生活在热带及亚热带地区。它用那钳子般的大螯肢捕捉昆虫及蜘蛛，然后吸食它们的体液。

蝎子的腹部，看起来像尾巴，在末端有一个毒刺，会分泌一种毒液。繁殖方式是卵胎生而不是卵生。

(昆虫) (蜘蛛)

[食物]

○ 繁殖期间，雌雄蝎子之间的交配舞。

○ 雌蝎子将幼蝎背在背上，以便照顾。

■ 袖珍动物辞典
蝎子
● 节肢动物门 ● 蜘蛛纲 ● 蝎目
蝎子和蜘蛛一样，都有4对足，但蝎子的触肢已经变形，成为两只像大钳子的螯肢，而且尾节也变成毒钩，带有毒性。有3~5个单眼，靠触觉在夜间单独行动。雄蝎向雌蝎求爱时，先互相追逐，然后雄蝎放出精荚于地上，诱导雌蝎将精荚收入生殖腔中。通常是卵胎生，但也有类似胎生的情形。
全世界大约有650种，它的毒液可使人神经麻痹。

鲎

体长 70厘米

学名 *Limulus polyphemus*

❓ 鲎和三亿年前的模样一样吗？

鲎和蝎子、蜘蛛、壁虱都是由同一祖先所衍变而来的。在三亿年前，它们就以今天的模样生活在地球上，可以说是最标准的"活化石"。

鲎能用钳子夹住海底的沙蚕及虾等，再送到足中间的口里，把它们吃掉。

○ 从反面看鲎的模样。

壁虱

❓ 壁虱寄生在哪里？

壁虱寄生在动物及植物上面。壁虱叫螨类，较大的称为蜱类。蜱类大多会吸血，它们附在哺乳动物及鸟类身上吸血，吸完之后，再从寄主身上跳开。

毛螨 *Entrombicula alfreddugesi* 体长0.15厘米	红斑螨 *Tetranychus telarius* 体长0.08厘米

■ 袖珍动物辞典

壁虱

● 节肢动物门 ● 蜘蛛纲

● 壁虱目

头胸部及腹部形成一体，有突起的口器，雌雄异体，靠雄的精液受精；幼体有6只足，成体有8只足；体长普通约0.04~0.15厘米。目前世界上约有2万种以上，其中有些种类连单眼也没有。

○ 犬壁虱先在土中生长，当长到某一程度时，就停在草上，等待狗或其他动物经过。

龙虾

体长 30厘米

学名 *Palinurus vulgaris*

甲壳动物有什么共同特征?

虾、蟹等动物的身体都被硬甲壳包住, 称为甲壳动物, 生活在海里、淡水中及陆地上。甲壳类的种类很多, 从超过3米的高脚蟹, 到只有0.05厘米的圆红水蚤都有。

腹足
用来游泳及保护所生的卵。

甲壳
比甲虫的外壳还要硬。

螯肢
在胸部的第一节, 形成像钳子的螯肢, 能将食物送入口中。

触角
共有2对触角, 不仅是感觉器官, 更可成为捕捉动物的利器。

口
可咬碎食物。

红水蚤

体长 雄0.3~0.4厘米
     雌0.15厘米

学名 *Daphnia pulex*

各种甲壳类

水蚤壳内的身体依稀可见吗?

水蚤是生活在淡水中的小甲壳类动物,在一般的水洼、水池、沼泽中也可以生存。它们的甲壳很薄,所以壳内的身体依稀可见,脚除了游动之外,还能当捕捉食物的武器。

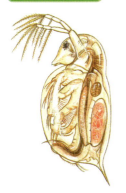

足角类的一种

蝌蚪虾
Triops cancriformis
体长0.2厘米

藤壶

壳径
0.5~1.5厘米

学名 *Balanus balanoides*

藤壶的身体特征是怎样的?

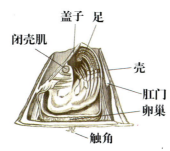

盖子　足
闭壳肌
壳
肛门
卵巢
触角

○ 藤壶的身体被硬的石灰质覆盖着,紧贴在石头或船底等地方生活。

茗荷

全长 15厘米

学名 *Lepas anatifera*

茗荷怎样生存?

[身体的构造]

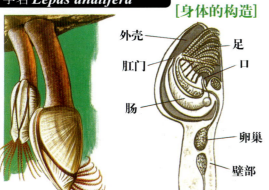

外壳
肛门
肠
足
口
卵巢
壁部

○ 茗荷与藤壶同类,成群地附在浮木、木板等地,过着漂流的生活,以浮游生物为食。

[茗荷的一生]

卵
幼体

虾蛄
体长 18~20厘米
学名 *Squilla mantis*

卵堆在口部的下面，好好保护着。

虾蛄怎样捕捉猎物？

虾蛄喜欢躲在内海及河口等地的沙石里，吃沙蚕、小虾、蟹等。它的眼睛及触角会从泥沙中伸出，伺机捕捉猎物而食。

海蟑螂
体长 3厘米
学名 *Ligia occeanica*

海蟑螂生活在哪里？

海蟑螂是生活在陆地上的甲壳类，但也能在水里游泳。平常吃岩石上的藻类或动物的死尸；每到早上或傍晚时分，就从栖身的地方向有食物的地方排着队伍前进。

脱皮的时候，先脱下半身，再脱上半身。

海跳虫
体长 1.2厘米
学名 *Orchestia gammarellus*

海跳虫在哪里跳来跳去呢？

当我们走过海边时，会发现这种小甲壳类动物会在海草及垃圾堆中跳来跳去。它们在沙滩上找寻快要腐烂的动植物或是微生物为食。

螳螂虾 | 体长 2厘米
学名 *Pseudoprotella phasuia*

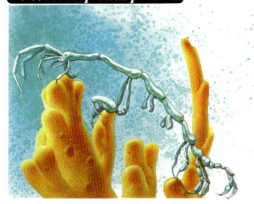

螳螂虾像尺蠖吗?

螳螂虾的身体既像螳螂又像瘦虾,成群地聚集在海草上,爬绕在海草上的模样,又像尺蠖。

浅海最多,是沿岸附近小鱼最主要的食物。

鱼虱 | 体长 0.8厘米
学名 *Lernaea cyprinacea*

锚虫
Argulus foliaceus
体长0.6厘米

鱼虱会把鱼置于死地吗?

是一种寄生在淡水鱼身上的甲壳类,幼体漂游在水中渐渐成长,最后附在鱼体表面靠吸食鱼的体液生活。

如果鱼虱寄生在鱼的口内,那么这条鱼不久就会死去。

南极糠虾 | 体长 6厘米
学名 *Euphausia superba*

南极糠虾的营养价值高吗?

南极糠虾是一种优良的蛋白质来源食物,直到最近才受到大家的重视。

白天,它们都潜在水深200米的海中,夜晚却升到海面附近活动。栖息在冷洋中的南极糠虾是须鲸类最重要的食物来源。

寄居蟹

甲壳长
4.5厘米

学名 *Pogurus calidus*

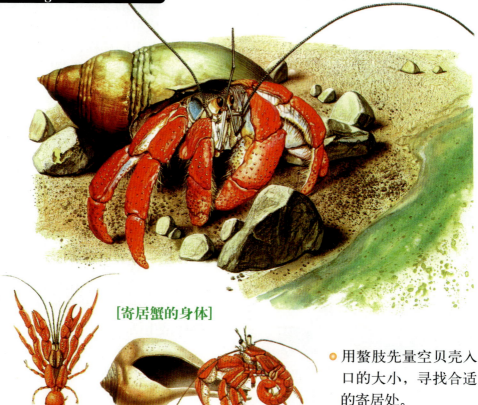

[寄居蟹的身体]

- 用螯肢先量空贝壳入口的大小，寻找合适的寄居处。

寄居蟹通常寄居在哪里？

寄居蟹的同类与虾、蟹各有一些相似的地方。

通常它们选择各式各样，符合自己身体大小的螺类栖息，先将前腹部放入壳内，当有敌人靠近时，随时可将身体其他部分缩入螺壳内。

大部分的寄居蟹生活在海中，其中也有某些种类像椰子蟹那样生活在陆地上。

椰子蟹
Birgus latro
甲壳长12厘米
甲壳宽14厘米

- 椰子蟹在椰子林中挖洞而居，夜晚出来活动，幼时栖息在螺类之中。

招潮蟹（雄）

甲壳长 1.7 厘米
甲壳宽 2.7 厘米

学名 *Uca arcuata*

（鱼）

（螺）

（贝类）

（沙蚕）

（小甲壳类）

[食物]

螃蟹的大螯肢能捕食小动物吗?

甲壳类中最进化的就属螃蟹类了，它们有着许许多多有趣的习性，在捕食小动物时，它们的大螯肢是不可或缺的工具。

招潮蟹生活在海边挖得很深的洞里，听说它的大螯肢和雌雄之间的求爱有关系。

[雌雄螃蟹]

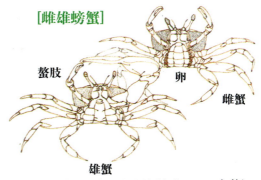

螯肢

卵

雌蟹

雄蟹

● 招潮蟹栖息在很深的洞穴中，只伸出两只眼睛露在外面，搜寻猎物。

● 雄蟹左右两只螯肢之一，会渐渐变大。

各种代表性蟹类

头冠蟹

青蟹

- 有着像桨一样的脚，配合游泳非常方便。

- 喜欢躲藏在海绵下面。

藏身蟹

河蟹

[蟹的一生]

卵

幼体

虾形幼体

幼蟹

成蟹

- 藏身蟹栖息在双壳贝类的壳中。

- 河蟹通常生活在河川的上游，在岸边的水藻中可以发现。

红棘蟹

高脚蟹

- 红棘蟹整天把身体藏在沙中。

- 高脚蟹是最大的蟹类，雄蟹壳长40厘米，脚展开时可达3米。

● 蟹的种类

岩蟹

苇塘蟹

矶蟹

虎斑蟹

扇蟹

海蕴蟹

红圆蟹

甲壳蟹

绳蟹

猿蟹

菱蟹

■袖珍动物辞典

蟹

●节肢动物门 ●甲壳纲

●十足目 ●短尾亚目

蟹类的头部和胸部愈合成头胸部。由一个背甲所包住，腹部不发达，有1对螯肢、4对足，雌雄异体交尾。

也有生长在陆上的蟹类，但雌蟹会将卵堆在海边，海水将藻状的幼体冲入海中，幼体在变态之后再登上陆地。螯肢及脚有时会在自行切掉之后再长出来。

海螯虾
体长 12厘米

学名 *Astacus astacus*

[食物]

(鱼)

(双壳贝类)

(小型甲壳类)

？ 虾遇到危险时能跳着逃走吗?

海水及淡水中都有虾，但大型的虾只有在海中才有。它们有能走路的脚和能游泳的脚，在遇到危险状况时，会快速地向后面跳着逃走。虾的变态生长过程，比螃蟹还要复杂。

[虾的一生]

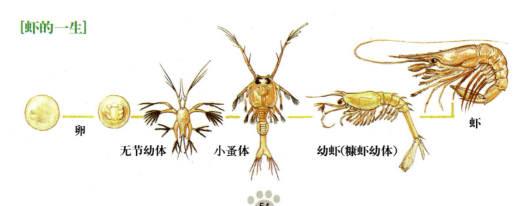

卵　　　无节幼体　　　小蚤体　　　幼虾(糠虾幼体)　　　虾

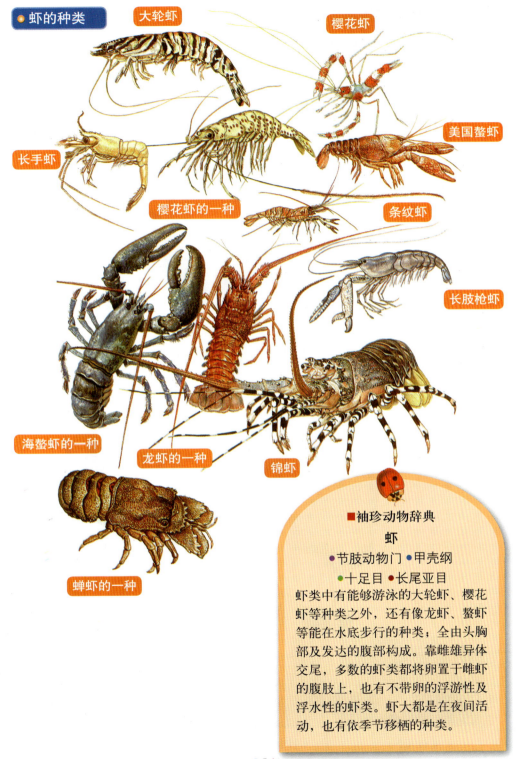

● 虾的种类

大轮虾

樱花虾

美国螯虾

长手虾

樱花虾的一种

条纹虾

长肢枪虾

海螯虾的一种

龙虾的一种

锦虾

蝉虾的一种

■袖珍动物辞典

虾

● 节肢动物门 ● 甲壳纲

● 十足目 ● 长尾亚目

虾类中有能够游泳的大轮虾、樱花虾等种类之外，还有像龙虾、螯虾等能在水底步行的种类；全由头胸部及发达的腹部构成。靠雌雄异体交尾，多数的虾类都将卵置于雌虾的腹肢上，也有不带卵的浮游性及浮水性的虾类。虾大都是在夜间活动，也有依季节移栖的种类。

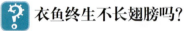

西洋衣鱼 体长1厘米
学名 *Lepisma saccharina*

🔧 衣鱼终生不长翅膀吗?

　　衣鱼的同类在昆虫中均属最原始的种类，终生不长翅膀。虽然没有翅膀，身体还是分为头、胸、腹三部分，大都生活在阴暗的土中，或石头下面等处，也有一些衣鱼没有长眼睛。

　　世界各个角落都有昆虫生活着，甚至连极地的冰河上也可以看到。

- 身体外形从2.6亿年前至今一直没有改变。

- 头上有和蝗虫一样，善于咀嚼的大小颚。

- 尾部有3条看起来像尾巴的，是由背的一部分演变而成。

[食物]

（淀粉质的食物）

（腐叶上细菌、霉菌等）

[巢穴]

石头下　　木材中　住家　泥土中　腐叶中　树皮的内侧

无翅昆虫类

原尾虫类

铗尾虫类

跳虫类

拟跳虫类

无翅昆虫的生活

○ 衣鱼常躲在书本里，是为要吃装订书的浆糊等淀粉质。

○ 跳虫的腹部下方，有像弹簧一般的器官，可以踢地使身体弹跳起来。

[无翅昆虫的生长]

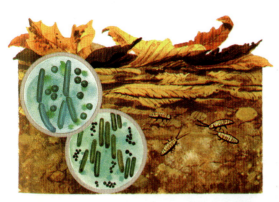

○ 森林里枯叶堆下面，有许多跳虫住在那儿，它们以腐叶细菌为食，有翻松森林土地的功能。

○ 无翅昆虫的同类，从出生到死亡，它的身体外形都不会改变。每一个成长的阶段，就要脱一次皮，即使是成虫还是要脱皮。衣鱼的一生大约要脱60次皮。

花斑蜉蝣
体长 1.4~2.2厘米
学名 *Ephemera vulgata*

蜉蝣是最先有翅膀的昆虫吗?

蜉蝣的体型及飞行姿势,都给人一种视而不见的感觉。稚虫生活在水中,羽化成虫后,经过几个小时或几天就会死亡。

蜉蝣在昆虫之中,是最先有翅膀的原始种类。

● 蜉蝣的眼睛是复眼,雄蜉蝣的眼特别大。长大的成虫口器会退化,因此什么都不能吃。

● 蜉蝣在休息时,翅膀像蝴蝶一样地合起来。

稚虫

蜉蝣的生活

[食物]
（各种矽藻或腐叶的碎片）

- 稚虫生活在水中，因种类的不同，它的生活方式也有不同；有的在水中游泳，有的在水中爬行，还有潜藏在泥沙中，或是紧贴石头生活的。

- 当我们翻开小溪里的石头，经常会发现蜉蝣的稚虫附在上面，这种稚虫的身体是呈扁平形的。

- 不论是成虫或稚虫，它们都会受到河里鳟鱼或鲑鱼的袭击。

- 稚虫靠鳃呼吸，鳃长在腹部的两侧，形状依种类而有不同。稚虫有完整的口器。

无霸勾蜻蜓 | 体长 7厘米
学名 *Anostogaster sieboldii*

蜻蜓的复眼能很快发觉动静吗?

蜻蜓和蜉蝣类的昆虫非常相似,但是它能完全适应空中的飞行,是蜉蝣等昆虫不能相比的。蜻蜓的翅膀强而有力,并且为了能够攻击其他的昆虫长了两个又大又灵活的复眼。

稚虫和蜉蝣一样,过着水中生活。

○ 蜻蜓的复眼系由2万个小眼所组合而成,任何动静都能很快发觉。

[实际的大小]

(雄)

(雌)

产卵管

[食物]

(虻)　(盲蛛)

(蝇)

(蚊)

(蝶)

● 仔细看

由蜻蜓腹部尾端的形状,可分辨雄雌,也可辨别出种类的不同。

● 蜻蜓的生活

● 蜻蜓生活的方式，依种类而有不同，大蜻蜓是展翅歇息，广腹蜻蜓则水平停止，河豆娘轻轻合住翅膀休息。

[水虿的羽化(①~⑤)]

● 雄蜻蜓将腹部前端夹住雌蜻蜓的颈，雌蜻蜓再将卵产在水中或草上。

● 脚向前面弯曲，使捉到的昆虫根本无法逃走。

● 水虿的生活

鳃

● 依蜻蜓种类的不同，有些稚虫有鳃，并且靠鳃呼吸。

● 蜻蜓的幼虫叫做水虿，水虿在水中生活几个月，或是好几年不等，在这段时期，它们在水中寻找红虫或小鱼当作食物。

● 水虿在逃走时，尾部会喷出强而有力的水流，以便使身体快速向前移动。

● 蜻蜓的种类

[前翅与后翅的形状大小不同的种类]

欧洲黄腹蜻蜓

银色大蜻蜓

大江鸥蜻蜓

四点蓝蜻蜓

小红蜻蜓

蓝头蜻蜓

大陆红腹蜻蜓

扁腹红蜻蜓

八点蜻蜓

褐斑翅蜻蜓

黄蜻蜓

[前翅与后翅的形状大小相同的种类]

靛蓝豆娘

[各种的豆娘]

- 这是一种非常珍贵的蜻蜓，外形和1.5亿年前一样，目前在喜马拉雅山及日本山地仍然可以看见这种蜻蜓。

古蜻蜓

欧洲青丝豆娘

直尺豆娘

欧洲蓝宝石豆娘

虾夷蓝豆娘

美洲河豆娘

细腹豆娘

欧洲端青豆娘

[最大的昆虫]

眼镜昔蜓

- 眼镜昔蜓是地球上出现最大的昆虫，当它展翅时，可达70厘米宽。听说距离现在的2.8亿年前，这种昆虫就已存在于地球上。

■袖珍动物辞典

蜻蜓、豆娘

- 昆虫纲 ● 蜻蛉目
- 均翅亚目及非均翅亚目 ● 纤蟌科

这一目的昆虫约有5000种。稚虫的眼睛很小，触角较长，但完全长成之后，眼发达起来，触角反而退化了。有些种类自成一个势力范围，其他雄虫侵入时会把它赶走。雌雄交尾时，雌的生殖口接在雄的腹部来进行。产卵时，青丝豆娘会连接在一起产卵；鬼蜻蜓则让身体暂时垂直停在空中，等落下来时，再将产卵管插入水中的沙里；江鸥蜻蜓则用腹部的前端拍击水面产卵。

薄翅螳螂 体长 6厘米

学名 *Mantis religiosa*

（蝶）

（蝗虫） （蝉）

[食物]

🔹 螳螂是有名的突击好手吗？

　　螳螂是有名的突击好手，常常躲在温暖的阳光下，在草丛中及树枝上等待其他昆虫来上钩。

　　螳螂的某些同类，长得很像花瓣及树叶，所以它们在花丛树梢时，一点儿也看不出来。

　　它突出的大眼睛和特殊的头，可以很快查出昆虫躲在哪儿，然后用那又壮又长的前脚，把昆虫抓起来，当作美味的餐点。

① ②

③

🔵 仔细看

螳螂的前脚折叠起来的情景①，当猎物一靠近，马上将脚伸展开来②。前脚最前端的一节折叠③，后两节像镰刀一样夹紧猎物。

🔵 仔细看

螳螂的眼在白天是透明的(上图)。夜晚就变成不透明的(下图)。这是为了适应在暗处也能活动的缘故。

红花螳螂

🔸 红花螳螂的外观，像一片兰花的花瓣。

[螳螂的种类]

长角螳螂

巨眼螳螂

🔸 当螳螂在引诱雌虫或惊吓猎物的时候，将它的前脚举起，摆出一副威猛的架势。

🔸 看它展翅及凶恶的外形，只是为了吓走敌人。

[交尾与产卵]

(雌)

①交尾

③卵囊

④孵化

②产卵

(雄)

🔸 交尾结束时，雌螳螂将腹部前端所产生的泡沫擦在树枝上，然后在上面产卵。

⑤若虫

美洲蟑螂 | 身长 3~4厘米
学名 *Periplaneta americana*

○ 身体扁平，
所以连很细
小的缝都能
自由进出。

○ 足上长了
许多锐利
的刺。

○ 尾毛上的
细毛，具
有天线般
的功能，
能够收集
声音。

[实际的大小]

❓ 蟑螂比人类存在于地球的时间更久吗?

　　蟑螂是卫生的大害虫，它与螳螂及竹节虫有亲缘关系，与白蚁也有很近的血缘关系。

　　它是地球上最古老的昆虫之一，比人类存在于地球的时间更久，大约在三亿年前的石炭纪，蟑螂就和今天一样，已经在地球上生活着。

　　蟑螂还有许多敏锐的感觉器，使得它能够活到今天。

蟑螂的生活

- 蟑螂常常舔它那长长的触角，以保持清洁。触角是用来寻找食物，以及和同伴之间的"交谈"工具，有着非常重要的作用。

- 蟑螂展翅时的模样。蟑螂是昆虫中最古老的种类之一，它的化石是在距今大约在三亿年的石炭纪的地层中发现的。

[棕色蟑螂的生长过程]

- 卵(卵囊)，每个卵囊中有10个左右的卵。

- 经过2~3次脱皮的幼虫。

- 经过9~10次脱皮的幼虫。

- 幼虫经过6~10次的脱皮，才能长出翅膀，一直到变成成虫，需要花11个月的时间。

蟑螂的种类

东方蟑螂(雌)
Blatta orientalis
体长1.8~3厘米

德国蟑螂
Blattella germanica
体长0.8~1.3厘米

大蟑螂的一种
Panesthia javanica
体长3~4厘米

绿蟑螂的一种
Gilschnoptera spaleoblatta
体长0.8~1.3毫米

大竹节虫
体长 8~10.5厘米
学名 *Carausius morosus*

❓ 竹节虫的身体像小树枝吗?

竹节虫细长的身体，像极了小树枝，当它爬到树枝上时，好像已经变成树的一部分了，很难找到它躲在哪儿。叶䗛是它的同类，它们的外形与颜色，使敌人不容易发现。

竹节虫是和小树枝极为相像的昆虫，外形细长。为了配合四周的环境，可以很快地改变自己的体色。

竹节虫的足很容易脱落，也很容易长出新的足来。

小的复眼

🔍 仔细看

足的前端构造，是为了便于沿着小树枝及在树叶上行走。

● 竹节虫的生活

● 竹节虫的幼虫，和成虫的形状一模一样。

● 竹节虫被小鸟攻击，被咬住的脚会立刻脱落，可以安全地逃走。

● 竹节虫的身体会变色，因此很难被敌人发现，我们称它为保护色。

● 遇到危险时，竹节虫的脚紧抓住树枝不动，谁看都以为它只是树枝的一部分。

● 竹节虫的种类

叶螭
***Phyllium
siccifolium***
体长9厘米

虾蛄竹节虫
***Exstatostoma
tiaratum***
体长8厘米

长竹节虫
***Anchiola
maculata***
体长18厘米

家白蚁

体长 0.8~1.5厘米

学名 *Coptotermes formosanus*

白蚁是和蟑螂比较近似的昆虫吗?

白蚁在生物学上和蚂蚁一点关系也没有,反而是和蟑螂比较近似的古老昆虫,它们同样是3亿年前就出现,从那时起,就已经过着吃木材纤维的生活。

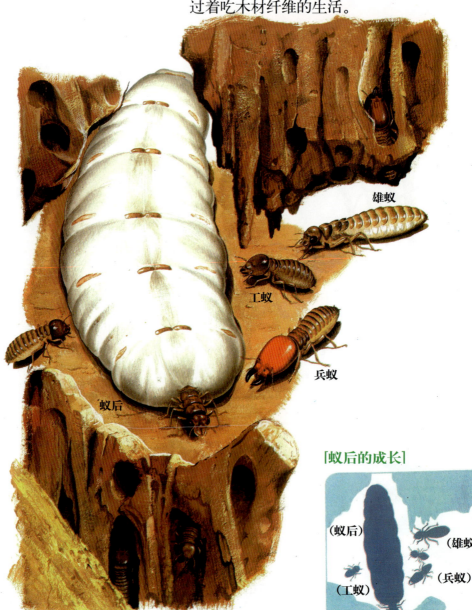

雄蚁

工蚁

兵蚁

蚁后

[蚁后的成长]

(蚁后)

(工蚁)

(雄蚁)

(兵蚁)

● 营社会生活的白蚁。

● 白蚁的生活（1）

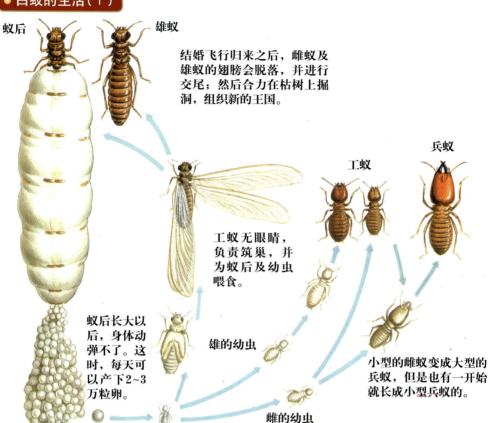

蚁后

雄蚁

结婚飞行归来之后，雌蚁及雄蚁的翅膀会脱落，并进行交尾；然后合力在枯树上掘洞，组织新的王国。

兵蚁

工蚁

工蚁无眼睛，负责筑巢，并为蚁后及幼虫喂食。

蚁后长大以后，身体动弹不了。这时，每天可以产下2~3万粒卵。

雄的幼虫

小型的雌蚁变成大型的兵蚁，但是也有一开始就长成小型兵蚁的。

雌的幼虫

● 春天一到，就有上百只雌蚁及雄蚁飞到天空中，作结婚飞行。

[白蚁的巢穴]

住家

枯树

土中

用土堆成的巢

[白蚁中的工蚁及兵蚁]

兵蚁　　　工蚁

○ 白蚁中的兵蚁，能够阻挡入侵的外敌，但奇怪的是，如果他们被蚂蚁咬到时，全身会因毒液而麻痹，总是没有办法打赢蚂蚁。

[在肠中共生的鞭毛虫]

○ 小工蚁群聚在一起，可以照顾身体庞大的蚁后，还能搬运卵粒。

白蚁中的工蚁以木材为食，它们的肠内有叫做鞭毛虫的原生动物，可以消化木材的纤维。

[兵蚁的种类(头)]

○ 一般说来，白蚁应该算是益虫，因为它们会将枯木分解成土中的营养成分，让其他的植物再度吸收，有益于成长。

●白蚁的生活（Ⅱ）

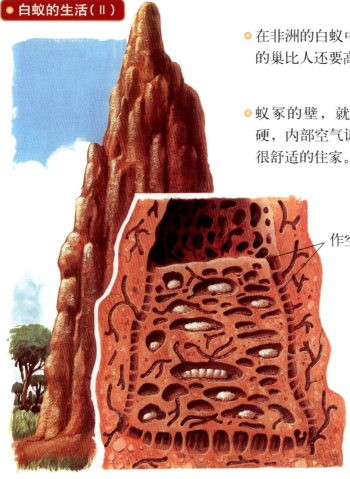

● 在非洲的白蚁中，某些种类所筑的巢比人还要高，称为蚁冢。

● 蚁冢的壁，就像钢铁一般的坚硬，内部空气调节很好，是一个很舒适的住家。

作空气调节用的空间。

白蚁的巢（蚁冢）

[吃白蚁的动物]

土豚

大食蚁兽

穿山甲

犰狳

土狼

■袖珍动物辞典

白蚁

●昆虫纲 ●等翅目

几乎有2000种白蚁是热带地区的产物，常匿居巢穴或往来于地下隧道之内，极少生活在光亮的地方。

雌蚁及雄蚁在巢穴中协助筑巢，并交尾，工蚁的数量占全部总数的百分之九十。

飞蝗

体长
5~8厘米

学名 *Locusta migratoria*

❓ 蝗虫的跳跃能力强吗?

　　蝗虫的后脚又长又发达,是一种很会跳跃的昆虫。有些蝗虫的触角很长,有的就短一点。蝗虫中有一种叫做飞蝗的,它还可以在不同的环境,改变自己身体的颜色。蝗虫很喜欢吃草,也因此经常给农作物带来灾害。

🔸 健壮的后足可以跳很高很远,差不多是身体8倍的距离。

🔸 后足与翅膀边缘互相摩擦,会发出声音来。

🔸 绿色个体的蝗虫。

[依栖息环境的不同而有不同的体色]

🔸 黑色个体的蝗虫。

🔸 褐色个体的蝗虫。

● 蝗虫的头部

上唇

下唇   小颚须

○ 有些飞蝗会成群结队地凌空而过，有时天空都为之一暗，当成群的蝗虫飞过时，地上经常一根草都不剩。

● 仔细看

所有的草食动物都是如此，蝗虫也不例外，为了咬断硬草，下唇张开，使得脸部变成四角形。

○ 飞行的姿势。

[蝗虫的成长]

○ 在土中产卵。

○ 幼虫

○ 孵化后约过了40天的若虫。

○ 最后的蜕皮。雌蝗虫用腹部末端的产卵器挖土产卵。若虫要蜕皮4~5次才能变为成虫。

● 蝗虫的种类

沙漠飞蝗
Schistocerca gregaria
体长5厘米

意大利土蝗
Calliptamus italicus
体长1.3~3.5厘米

雏蝗虫的一种(若虫)
Melanoplus femurrubrum
体长2厘米

埃及蝗虫的一种
Zonoceros variegatus
体长2.5厘米

地中海尖头蝗虫
Acrida mediterranea
体长5~8厘米

■袖珍动物辞典
蝗虫

●昆虫纲 ●直翅目 ●蝗科
蝗虫分为有短的触角及短的产卵管等种类，目前世界上约有5000种，全部为昼行性。和飞蝗属同一种类，有些是集体行动，有些则不喜欢集体行动。

短翅螽斯 体长 2厘米
学名 *Metrioptera brachyptera*

○ 夜晚活动的蟋蟀和白天活动的蝗虫触角相比，蟋蟀的触角要长得多。

○ 它的听觉器官长在前足上。

蟋蟀是怎样发出声响的？

蟋蟀及螽斯的雄虫，在夏秋两季之间，会摩擦翅膀发出声响。雌虫大多数具有产卵管，能在土中或植物上产卵。

一般说来，他们都是草食性的昆虫，但也有少数的种类是肉食性的。

○ 前翅的弹器及弦器互相摩擦而发出声音。

（雌）

（产卵管）

[实际的大小]

蟋蟀和螽斯的同类

（左）　（右）

（前面）

欧洲家蟋蟀
Acheta
domestica

蝼蛄
Cryllotalpa
gryllotalpa

（雌）

褐背绿螽斯
Tettigonia
viridissima

（雌）

欧洲黑蟋蟀（雌）
Gryllus
campestris

（雌）

螽斯
Anabrus
simplex

隆背螽
Ephippiger
vitium

沙漠蟋蟀的一种
Stenopelmatus
fuscus

绿叶螽斯
Katytid
microcentrum

（雌）

长躯螽斯
Saga
pedo

（雌）

窦马
Rhaphidophorinae

（雌）

[发音的方法]

● 后足借上下的摩擦发音。

● 利用前翅左右摩擦而发音。

■ 袖珍动物辞典

蟋蟀

● 昆虫纲 ● 直翅目 ● 蟋蟀科

此科昆虫在世界上约有5000种以上，但体色却有绿色个体和褐色个体之分。

雄的尾毛多变化而复杂，雌的较简单。左前翅有像锉刀状的音刲，与前翅的基部互相摩擦时，会发出声响。蟋蟀的听觉与螽斯一样，长在前足的胫节上。

红娘华

体长
1.8~2.7厘米

学名 *Nepa cinerea*

[食物]

(蝌蚪)

(水虿)

(小鱼)

蝎椿类靠毒针捕食吗?

　　红娘华属于蝎椿类，肉食性动物，是池塘中水栖昆虫和蝌蚪的大敌。它和螳螂一样，也是用前足捕捉猎物。在口的最前面，有像针一样的刺，用它刺到猎物身上，并放出毒液使猎物不能行动，然后吸食它们的体液。

◦ 红娘华的生活

◦ 在水面上猎捕食物。

◦ 红娘华的唾液中有毒，即使是大鱼也会在很短的时间里变得动弹不得。

● 仔细看

◦ 尾部的两条呼吸管合而为一，并伸出水面以便呼吸空气。

红娘华的卵像有盖的罐子，图中有一只若虫刚从卵中孵出来。

◦ 在夜晚、阴天、雨天等时候，红娘华会飞到其他池塘。也是具有趋光性的昆虫。

◦ 水栖半翅目的同类

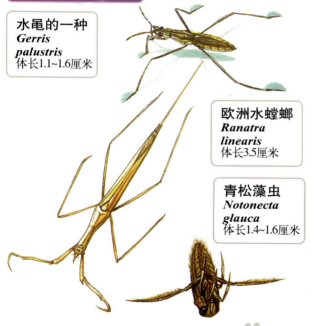

水黾的一种
Gerris palustris
体长1.1~1.6厘米

欧洲水螳螂
Ranatra linearis
体长3.5厘米

青松藻虫
Notonecta glauca
体长1.4~1.6厘米

田鳖的一种
Belostoma niloticum
体长5~6厘米

■ 袖珍动物辞典

红娘华

● 昆虫纲 ● 半翅目
● 隐角亚目 ● 蝎椿科

红娘华与椿象、水黾同属具有两对不同翅膀的种类。属于本科的昆虫约有150种，眼睛只有复眼。

地中海椿象 | 体长 1厘米
学名 *Carpocoris mediterraneus*

❓椿象会发出难闻的臭味吗？

椿象类生活在草原、菜园中的作物及果树上。身体扁平，大部分椿象的翅上都有各种颜色的花纹。头部有管状的口器，能吸食植物的汁和昆虫的体液。有的椿象还会发出难闻的臭味。

● 椿象正在吸食植物的汁液。

● 椿象的口型。左图是腹面观，右图是侧面观。

[吸食汁液的方式]
椿象先将口器外侧的大颚插入植物里，再将口器内侧的小颚插下去。

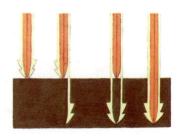

● **各种椿象的生活**

红纹椿象

杜鹃花军配虫

[椿象]

喜欢吃植物的汁液。

[军配虫]

吸取温室里或室外杜鹃叶的汁液，是一直在日本生活的昆虫。

花椿象

红刺椿

[花椿象]

吃十字花科的植物。

[刺椿]

善于捕捉昆虫，特别爱吃蚂蚁的体液。

角肩椿象的一种

[雌椿象]

雌椿象抱着卵孵化幼虫，就像母鸡照顾小鸡一样，保护着自己的下一代。

（雄）

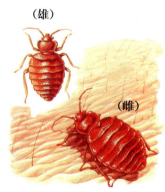

（雌）

[床虱]

床虱白天躲藏在房子的墙、壁纸或柱子的隙缝中。在半夜到黎明这段时间，进入棉被内，趁机吸食人血。吸完血之后，它又回到藏身之处，一直待到消化完，再出来觅食。

■**袖珍动物辞典**

椿象

●昆虫纲 ●半翅目
●显角亚目

在世界范围的椿象约有3500种，有些成虫会放出一种臭味，有助于防御外敌。

黎蜩(大褐蜩) | 全长 4.3 厘米
学名 *Graptopsaltria nigrofuscata*

❓ 出土后的蝉只有30天寿命吗?

　　夏天来临时,欧洲、美洲等地的北方,都能听见蝉的鸣叫声。若虫都生活在土中,一般是5年,最长的也有待上17年的。出土后的成虫只有30天的寿命。

[蝉的口器]

蝉是靠吸食树干中的汁液生活,所以口器像一只硬管。

(雄)　(雌)

🔵 仔细看

足的前端有适于停在树上的爪子。

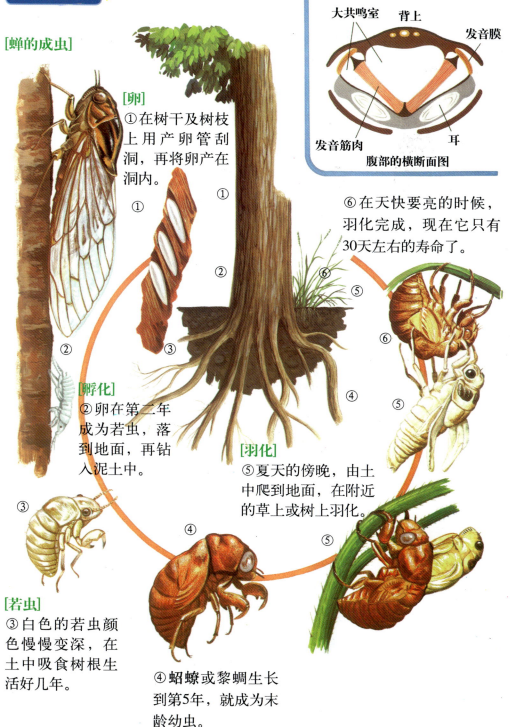

蝉的生活

[发出大声音的构造]

大共鸣室　背上　发音膜

发音筋肉　耳

腹部的横断面图

[蝉的成虫]

[卵]
①在树干及树枝上用产卵管刮洞，再将卵产在洞内。

①

①

②

③

⑥在天快要亮的时候，羽化完成，现在它只有30天左右的寿命了。

⑥

⑤

⑥

⑤

④

[孵化]
②卵在第二年成为若虫，落到地面，再钻入泥土中。

③

[羽化]
⑤夏天的傍晚，由土中爬到地面，在附近的草上或树上羽化。

⑤

[若虫]
③白色的若虫颜色慢慢变深，在土中吸食树根生活好几年。

④

④蝲蟉或黎蜩生长到第5年，就成为末龄幼虫。

83

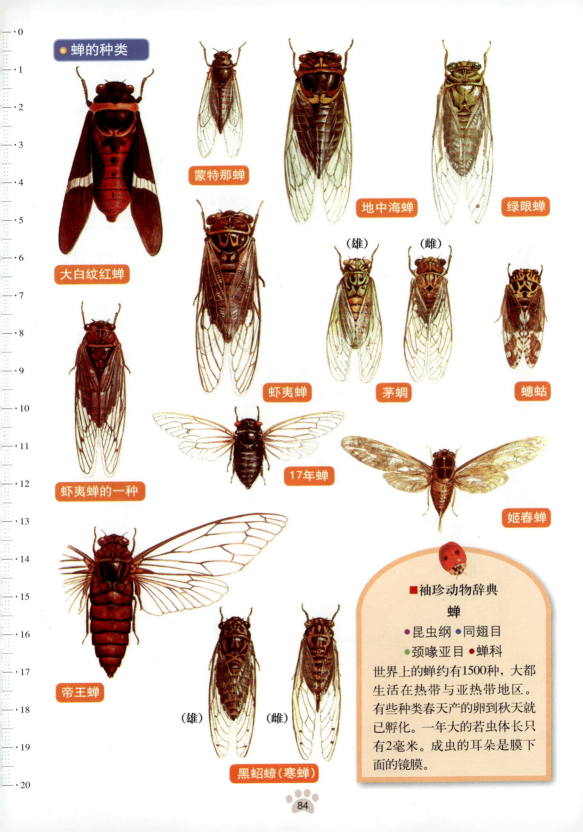

蝉的种类

蒙特那蝉

地中海蝉

绿眼蝉

大白纹红蝉

虾夷蝉

（雄）　（雌）

茅蜩

螗蛄

虾夷蝉的一种

17年蝉

姬春蝉

帝王蝉

（雄）　（雌）

黑蛁蟟（寒蝉）

■袖珍动物辞典

蝉

●昆虫纲 ●同翅目

●颈喙亚目 ●蝉科

世界上的蝉约有1500种，大都生活在热带与亚热带地区。有些种类春天产的卵到秋天就已孵化。一年大的若虫体长只有2毫米。成虫的耳朵是膜下面的镜膜。

84

褐泡沫虫 | 体长 0.7 厘米

学名 *Atuphora stictica*

泡沫虫生活在泡沫里吗?

泡沫虫与蝉类一样，有一个可以吸食植物汁液的针状口器。雌、雄虫都各有小型的发音器。

泡沫虫的若虫栖息在草茎或树上，特别是在禾本科植物及玫瑰花枝上，它会吹出白色泡沫，然后在泡沫里生活。

[若虫的身体及产生泡沫的构造]

腹部的横断面

泡沫腺　气门

● 泡沫虫的若虫会从腹部两侧的泡沫腺放出液体，再与气门放出的空气混合，就形成一个个的气泡。吹泡虫附在树枝上，头部朝下，吹出泡来，身体渐渐被泡沫重重围住。

台湾草蛉 | 体长 1厘米

学名 *Chrysopa carnea*

[实际的大小]

(介壳虫类)

(蚜虫)　　[食物]

❓ 草蛉具有美丽的翅膀吗?

草蛉具有透明像花边一样美丽的翅膀，有苗条的身材。喜欢在夜晚出来活动，白天躲在树叶下休息。

成虫与幼虫都是肉食性的，最喜欢吃蚜虫。吃法是先用大颚刺入猎物体内，并分泌消化液使蚜虫身体的内容物溶化之后，再吸食它的体液。

● 草蛉的卵附在长树枝的前端，看来像花一样。

草蛉的生活——完全变态

- 刚从卵里孵化出来的幼虫。

- 幼虫也是肉食性的，喜欢吃蚜虫等小虫。

- 开始做茧。

- 从茧羽化为小虫。

[与众不同的幼虫]

- 有些草蛉幼虫，在吸食过蚜虫的汁液后，将蚜虫的尸体背负在背上，以蒙骗其他的强敌。

- 幼虫在软土中挖洞而居，最后变成蛹。

蛟蛉与蝎蛉的生活

小蛟蛉

- 蛟蛉幼虫的生活特别与众不同。它们在沙地上挖一个漏斗状的洞穴，藏在底部悄悄等待，伺机突击蚂蚁等昆虫。(它们的巢被称为蚂蚁的地狱。)成虫的外观和蜻蜓非常相像，但体型较为柔弱。

蝎蛉

- 蝎蛉的交尾器与蝎子尾巴非常像。一般生活在森林的周围，常聚集在动物尸体上，以小昆虫为食，但也吸食花蜜。在完全变态的昆虫中，它们属于较古老的一群。

87

蝎蛉
Bittacus sp.
体长1.5厘米

小蛇蛉
Raphidia xanthostigma
体长0.7~0.8厘米

○ 蝎蛉用两只前足悬挂在树枝上，静候猎物上钩。

意大利毛长角蛉
Ascalaphus italicus
体长3厘米

黄螳蛉
Mantispa styriaca
体长1.4~2厘米

欧洲鱼蛉
Sialis lutaria
体长2厘米

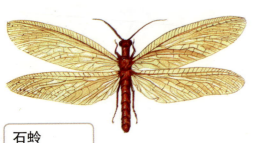

石蛉
Protohermes grandis
体长4厘米

■袖珍动物辞典

草蛉

●昆虫纲 ●脉翅目 ●草蛉科

这一类的幼虫没有肛门，因为不能排泄，所以将排泄物积到变态时，再排出体外。成虫具有红色发亮的眼，能慢慢地飞行。世界上已知的种类有200种以上。同是属于脉翅目的长角蛉与蛟蛉是类缘动物。蛇蛉也属于脉翅目，幼虫在水中营肉食性生活。

黄石蚕蛾 | 体长 2厘米
学名 *Limnophilus rhombicus*

成虫

幼虫

❓ 石蚕蛾靠舔食花蜜生活吗?

　　石蚕蛾的成虫看起来和蛾很像,它的口器已经退化,变得只能舔食花蜜生活。幼虫生活在水中,在水里会筑起一些各形各色的巢穴,巢又分为固定在水底不能移动的和可搬动的两种。能移动的巢与避债蛾的巢相似,可以说是比不能移动的巢更为进化。

　● 石蚕蛾筑在水底的巢。图中幼虫正将头部与胸部伸出筒形的巢(左)。各种不同形状的巢(右)。

[网石蚕类的网眼巢穴]

网石蚕蛾的幼虫会在巢的前方张着一个像蜘蛛网一样的网,用来阻挡网上的藻类与小虫,并将其作为自己的食物。

■袖珍动物辞典

石蚕蛾

●昆虫纲 ●毛翅目

石蚕蛾的幼虫是水栖昆虫,用气管鳃呼吸,但也有一生都在陆地生活的种类。

有长的触角与复眼;翅上有毛,有些种类呈鳞粉状,这正显示与鳞翅目的血缘相近。行完全变态,全世界已知种类达5000种之多,是淡水鱼的佳肴。

欧洲孔雀纹天蚕蛾 展翅宽 10~17厘米
学名 *Saturnia pyri*

蛾大都在夜晚活动吗？

蛾和蝴蝶很像，不容易区别。蛾大都在夜晚活动，静止时翅膀张开，不会收起来。

孔雀纹天蚕蛾的同类都是大型的蛾，其中某些蛾类属于世界上最大的昆虫。

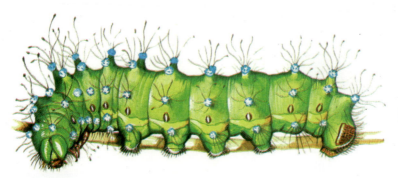

[幼虫]
长度10厘米。

孔雀纹天蚕蛾类的生活

- 雄虫触角大，并具有嗅觉功能。雌虫会散发一种吸引雄虫的性荷尔蒙，雄虫闻到这个气味，就会靠近。

- 孔雀纹天蚕蛾翅上的花纹，类似猛禽的眼睛，可以吓退一些敌害。

- 幼虫吃梨等果树的叶子或榆树的树叶。

- 幼虫会造出坚固的茧，在里面过一两个冬天，就会变为成虫。

- 天蚕蛾的茧可以抽丝，与蚕丝混纺，可织成很特殊的绢织品。

○ 蛾类活动的时间依种类而不同，通常是在傍晚以后的
数小时之间，活动比较频繁。

● 各式各样的蛾类

大力士天蚕蛾
Coscinoscera
hercules
展翅宽20厘米

真珠扇天蚕蛾
Samia
cynthia pryeri
展翅宽11~13.5厘米

■袖珍动物辞典

蛾

● 昆虫纲 ● 鳞翅目

蛾的种类据估计大约有20万种以上，食性极杂，吃植物的叶、茎、花、果实，以及毛皮、纺织物、笋及昆虫等等。多数蛾的幼虫及成虫都有发达的保护色，但也有些种类反而有很鲜艳的颜色。

交尾通常在春夏之间发生，也有发生在秋冬之间的。越冬则有卵、蛹、成虫各期。有些种类还可飞越大海。

蒙拉那天蚕蛾
Rothschildia
morana
展翅宽10厘米

皇蛾
Attacus
atlas
展翅宽20厘米

长尾水青蛾
Actias
selene gnoma
展翅宽10厘米

大长尾蛾
Argema
mittrei
展翅宽12厘米

● 蛾的种类

[避债蛾]

幼虫又称为蓑衣虫，以枯叶做成像蓑衣一样的袋子，将袋子挂在枝头上，躲在里面变成成虫。雌蛾的一生，都在蓑衣内生活。

● 形形色色的蓑巢。

幼虫

茧

[蚕蛾]

成虫的口器几乎没有退化。幼虫只吃桑叶，还会吐丝做成白色或黄色的蚕茧。蚕茧是缠着重重的丝纤维，所以自古以来，人们就学会养蚕，用蚕丝织布。

[尺蠖蛾]

幼虫被称为尺蠖，胸部长有3对足，腹部有2对足。它的身体移动时非常有趣，就像我们张开手掌量长度一样。当它停在树枝上时，身体就像树的一部分。这叫做拟态。

拟态

[前进的方法]

[天蛾]

天蛾的同类具有各种不同的口喙，以吸食花蜜为生。它们会像蜂鸟一样停在半空中吸蜜，也因此而闻名。
天蛾的飞行能力很强，有时还会成群地向远方移栖。

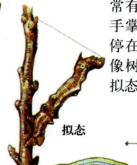

● 天蛾口器的长度，与它喜欢的花形能够配合。

仔细看
平常将口器卷起来。

[天蛾的种类]

红天蛾
Pergesa
elpenor

虾壳天蛾
Herse
convolvuli
展翅宽9厘米

欧洲眼斑天蛾
Smerinthus
ocellatus

人面天蛾
Acherontia
atropos

透翅天蛾
Hemaris
fuciformis

[拟灯蛾]

拟灯蛾类的翅膀上，都有明显的花纹。幼虫时期长着又浓又密的长毛，是毛毛虫中最具代表性的。喜欢将各种杂草的叶子当作食物。

白斑拟灯蛾
Callimorpha
dominula
展翅宽6厘米

● 拟灯蛾休息时的姿态。

欧洲枯叶蛾

[枯叶蛾]

枯叶蛾的成虫，伸展着很像枯叶一般的翅膀。

幼虫生活在松林或森林中，有时会大量地孵化，造成重大的灾害。

幼虫

天社蛾

[天社蛾]

天社蛾幼虫的特征，是具有很长的胸足。它的身体会向后仰，使头与尾都翘起来，模样非常奇怪。

成虫

灰红夜蛾

[夜蛾]

夜蛾的成虫在休息时，会将翅膀收合起来，栖息在树干或墙壁上，因此很难被发现。这科昆虫相当胆小，只有在飞起来时才能看见它那红色的后翅。

● 用强而有力的口器，在果实上挖洞吸取果汁。

孔雀纹蛱蝶 | 展开长 5.5厘米

学名 *Inachis io*

[鳞片]

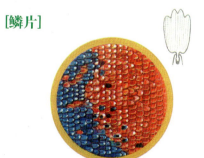

- 由毛变成的鳞片，就像茅屋上的稻草，层层排列着。

蝶的口器像钟表弹簧吗?

蝶、蛾类的翅膀有鳞片及细管状的口器，口器在平常时就像钟表弹簧一样地卷起来。由这些特征可以和其他的昆虫区分。

有些蛾类也有透明翅膀及口器退化等例外情况。

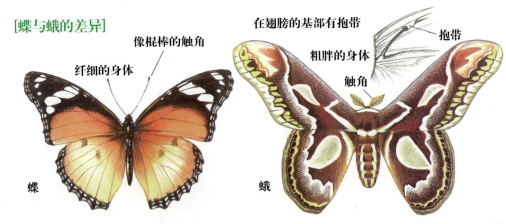

[蝶与蛾的差异]

像棍棒的触角

纤细的身体

蝶

在翅膀的基部有抱带

抱带

粗胖的身体

触角

蛾

○ 以触角嗅出花的味道或雌蝶的气味。

[各种形状的触角]

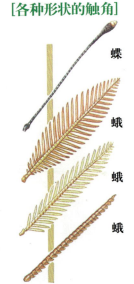

蝶

蛾

蛾

蛾

○ 蝶及蛾的成虫，几乎都有呈细管状的口器，以便吸食花蜜及树汁(右)。不用时将口器卷起来(左)。

(孔雀纹蛱蝶)

幼虫

卵

[代表性的完全变态]

蝶是由卵→幼虫→蛹→成虫，经过典型的完全变态而成。幼虫通常有固定的寄主植物；卵是产在寄主植物上。蝶及蛾的幼虫，称为毛毛虫。

蛹

成虫

蝶的种类

欧洲黄环蛱蝶
Charaxes jasius

大西洋蛱蝶
Vanessa cardui

欧洲多毛蛱蝶
Nymphalis polychloros

蓝环红蛱蝶
Aglais urticae

黄晕褐蛱蝶
Nymphalis antiopa

欧洲地图蝶
Araschnia levana

欧洲紫蝶
Apatura iris

褐斑蛱蝶
Argynnis paphia

角纹蛱蝶
Polygonia c-album

姬红蛱蝶
Vanessa atalanta

琉璃带凤蝶
Papilio bianor

欧洲长尾凤蝶
Iphiclides podalirius

欧洲红点粉蝶

欧洲蓝小灰蝶

黑框红小灰蝶

弗罗里达红弄蝶

红纹蛇目蝶

黄凤蝶

纹白蝶

欧洲白点蛇目蝶

黄凤蝶的幼虫及蛹。

纹白蝶的幼虫及蛹。

各种蝶类的生活

角纹蛱蝶
Polygonia c-aureum
展翅宽6厘米

前足

朝鲜闪紫蝶
(蜂王乳)

● 蛱蝶类(上)和蛇目蝶类(右)的前足已经退化了，不能当足使用，现在当作尝甜汁味道的器官。除了花蜜之外，它们也吸食夏天的树汁，及秋天成熟果实的汁液。

蛇目蝶
Minois dryas bipunctatus
展翅宽 6厘米

● 来到下过雨后的地面或是河滩上，成群的欧洲红点粉蝶，正在吸食地面上的水。在湿地上经常可以发现一只一只的蝶，接二连三地来吸食地面上的水，这些聚集在一块儿的蝶，全都属于雄蝶。

● 黑小灰蝶的幼虫，被搬运到
大黑蚁的巢里，在那儿被大
黑蚁哺喂成长。
而黑小灰蝶的幼虫，也会分
泌一种甜汁让大黑蚁品尝。

[蝶类的天敌]

● 黑背长脚蜂在捉住纹白蝶的幼
虫时，先将它做成肉团，再带
回家哺喂幼虫。

● 青小蜂将卵产生在黄凤蝶的幼
虫身上，当青小蜂的卵在孵化
成幼虫之时，就吃蛹的内部，
渐渐成长。

[蛾及蝶幼虫身上吓唬天敌的花纹]

大天社蛾的幼虫
Cerura vinula

琉璃带凤蝶的幼虫
Papilio bianor

黄凤蝶的幼虫
Papilio machaon

青斑凤蝶的幼虫
*Graphium
doson pastianus*

■袖珍动物辞典

蝶

●昆虫纲 ●鳞翅目 ●异翅亚目

蝶被认为是从中生代的白垩纪(约1.4亿到6500万年前)由低等蝶类分化而来的。分布地区极广,除了极地以外,几乎全世界都有,特别是在热带种类最多。目前全世界约有15000种左右,行完全变态。

幼虫一般以植物的叶、芽、花等为食。但也有食肉性的种类,以介壳虫为食、蛹通常不做茧。色彩和外形与四周的环境相似。

在热带地区,一年四季都有蝶类羽化的情形,但是在温带及寒带只有春、夏两季会羽化。依不同的种类,一般来说,由卵到成虫为止,一定会度过一个冬天。

枯叶蝶
Kallima inachus

蓝框蛱蝶
Eunica irina

长尾小灰蛱蝶
Ancylurus arcius

红艳蓝蛱蝶
Agrias sardanaporus

数字蝶
Diaethria eupepla

靛蓝摩尔佛蝶
Morpho rhetenor

条纹凤蝶
Buthanitis lidderdalei

红胸鸟翅凤蝶
Troides brookiana

长尾斑蛾
Semioptila flavidiscata

虹彩绿鸟翅凤蝶
Ornithoptera priamus

绿刺蛾
Parasa reginula

南美大夜蛾
Thysania agrippina

热带家蚊 体长0.7厘米
学名 *Culex pipiens pallens*

蚊子对人类有哪些危害?

蚊子是人们最讨厌的昆虫之一,其实会吸血的只是雌蚊而已,雄蚊只吸食植物的汁液及水分。人类及兽类的血,供应雌蚊卵巢中的养分,它如果不吸血就不能产卵。蚊的口器像尖细的针,人们被蚊子吸血后会非常地痒。另外,蚊子可能会将疟疾、日本脑炎等滤过性病毒的可怕传染病病原体,由其他动物传染到人们身上,使人们恨不得将它消灭。

[蚊的变态]

● 卵的孵化。

● 变成蛹之后,能在水中游泳。

● 幼虫(孑孓)在水中浮沉,以原生动物为食。

● 经过2~3日,就变为成虫了。

[吸血的构造]

雌蚊将口器刺入人类或兽类皮肤上的毛孔中,吸食其中的血液。这时候,它的下唇会像弓一样地弯曲着②,以支撑正在吮吸的口器①。蚊的口器会分泌一种唾液,使被叮过的人畜皮肤发痒。

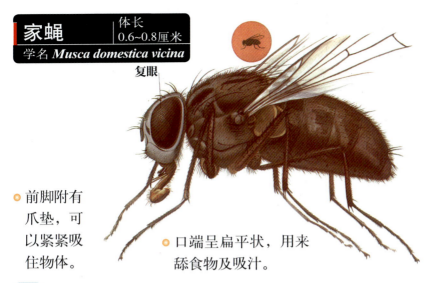

家蝇
体长 0.6~0.8厘米

学名 *Musca domestica vicina*

复眼

- 前脚附有爪垫，可以紧紧吸住物体。

- 口端呈扁平状，用来舔食物及吸汁。

蝇会传播细菌吗？

蝇的成虫是靠舔食花蜜为生。雌蝇把卵产在垃圾、堆肥、动物的尸骸上，幼虫(蛆)就吃那些东西长大。变成成虫后的蝇飞来飞去，身上带了许多不洁的细菌，被人们当作讨厌的害虫。

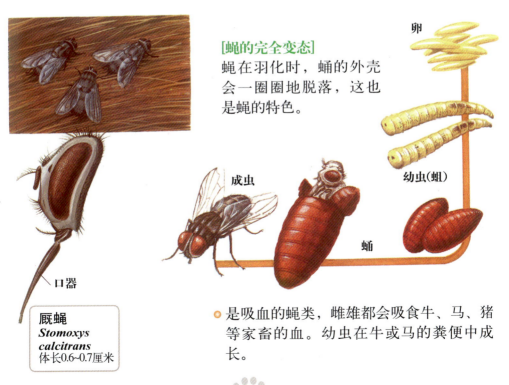

[蝇的完全变态]
蝇在羽化时，蛹的外壳会一圈圈地脱落，这也是蝇的特色。

卵

幼虫(蛆)

成虫

蛹

口器

厩蝇
Stomoxys calcitrans
体长0.6~0.7厘米

- 是吸血的蝇类，雌雄都会吸食牛、马、猪等家畜的血。幼虫在牛或马的粪便中成长。

107

虻

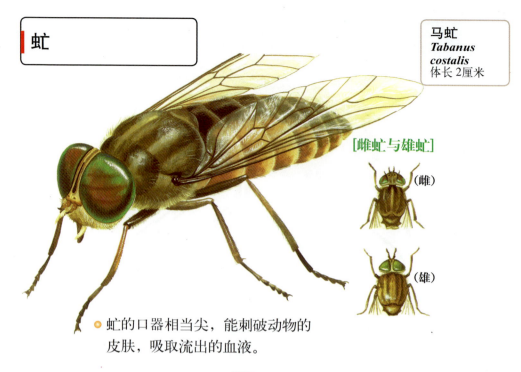

马虻
Tabanus costalis
体长 2厘米

[雌虻与雄虻]

（雌）

（雄）

○ 虻的口器相当尖，能刺破动物的皮肤，吸取流出的血液。

❓ 虻会吸食动物的血吗？

虻比蝇大，聚集在牛或马的背上，吸食这些动物的血。它们和蚊子一样，只有雌虻才会吸血，雄虻只是吸食花蜜。然而，其中的花虻，仅以舔食花蜜生活，可说是近似于蝇的昆虫。

花虻
Enstalis tenax
体长 1.5厘米

蜂虻

[因食物的不同而有各种口型]

①　　　　　②　　　　　③

○ 仔细看

①花虻有着便于舔食花蜜的口器。
②蜂虻有着便于吸食花蜜的口器。
③牛虻有着便于吸食昆虫体液的口器。

各种蚊、蝇及虻类

疟蚊　　　斑蚊

丽蝇

纹花虻

金蝇

细扁虻

聚集在牛身上的虻类

红牛虻

牛虻　　白背牛虻

背

腹　脚

大蚊

体长 1.5 厘米

学名 *Tipula aino*

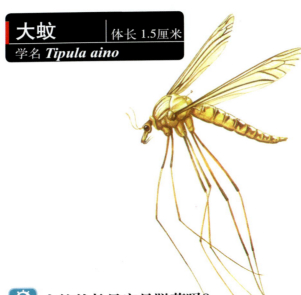

大蚊的长足容易脱落吗?

　　大蚊的足很长但也很容易脱落，这是它们的重要特征。大蚊是蚊子的同类，但比蚊子大些，不过它们不会吸食动物的血，雌、雄都以吸食花蜜为生。幼虫在苔藓中、土中及水中生活，吃植物的根长大。

■袖珍动物辞典

蚊、蝇、虻、大蚊

●昆虫纲 ●双翅目

这一目的昆虫前翅发达，后翅退化成棍棒状，称为平衡棍，在飞行时有助于维持平衡。通常是卵生；偶而也有卵胎生，一般产卵数目极多，分布在世界各地，约有10万种以上。家蝇一次可产100个左右的卵，在夏天不到半天，就会孵化，数天后成蛹，再经过4~5天可羽化，羽化后第5天即可产卵。虻一次产卵数百个，经过5天至2个周，即可孵化。幼虫过冬之后化为蛹，蛹将身体埋在土中，经过1~3周即能羽化。蚊及大蚊都没有单眼。

蜜蜂 体长 1.2厘米
学名 *Apis mellifera*

❓ 蜂那毛茸茸的身体是为了便于采蜜吗？

蜂的同类以肉食为多，但花蜂的同类则吃花蜜与花粉。蜂那毛茸茸的身体便于采集花粉。同时也将雄蕊上的花粉传递到别的雌蕊上，担任授粉的任务，这样花谢之后，才能长出很好的果实。

圆花蜂　　蜜蜂

● 蜜蜂的身体

[口器]

- 蜜蜂的口器很短，平常折叠起来，吸蜜时伸出来，就像一根麦杆。

唾液腺

蜜囊

肠

- 吸入的花蜜贮存在这个袋里。

- 吃下去的花粉在这里消化。

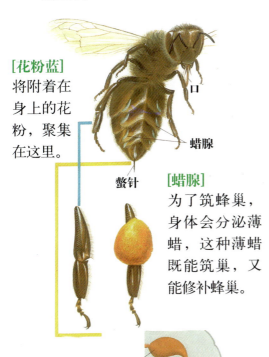

[花粉蓝]
将附着在身上的花粉，聚集在这里。

口

蜡腺

螯针

[蜡腺]
为了筑蜂巢，身体会分泌薄蜡，这种薄蜡既能筑巢，又能修补蜂巢。

毒囊

螯针

[蜜蜂的社会]
蜜蜂过着群体经营的社会生活，把所采回来的花蜜及花粉，搜集在一块儿贮存起来，以备在很少开花的冬天里吃。整群蜂以一只蜂后为中心，图中蜂后正在产卵，由工蜂们守护着。雄蜂在春天出现，夏天就死了。

蜂后

工蜂

[螯针的构造]
工蜂的螯针与毒囊相连，当毒针刺入动物身上时，毒液会借螯针流入动物体内。螯针是由产卵管变化而成，只能使用一次。

[蜜蜂的社会生活]

蜂后(产卵)

工蜂(工作)

雄蜂(与蜂后交配)

[蜂巢的构造与工蜂的工作]

蜂巢的构造非常奇妙，一个蜂巢中有许许多多的巢室。在夏天，一个繁荣的巢中大约有5万只蜂。工蜂一生下来就注定要不停地工作，在巢内照顾幼虫，而出外采集花蜜是工蜂最后的工作。成虫生活约3周左右。

[蜂后的成长]

蜂后不是靠花蜜，而是以皇浆(蜂王乳)为生。在蜂后的特别室内，被加倍小心地饲育着。

当一个巢内有两只雌蜂同时羽化成熟时，两只雌蜂要展开一场决斗，只要能将对方刺死，就能当蜂后。蜂后的螫针可以使用好多次。

新的蜂后要飞到空中作结婚飞行，并与雄峰交配。

[传递食物讯号的动作]

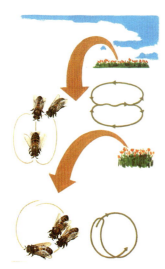

花在远处的时候
用翅膀或腹部的振动，通知同伴花园的距离或方向。

天敌
一到秋天，胡斑蜂会来吃蜜蜂巢内的蜜及幼虫，工蜂为了保护蜂巢奋力作战，有时打了败仗，整个蜂巢都会被消灭。

花在近处时
用画圆圈的方式向前飞行，好告诉其他的同伴。

工蜂的工作（左页）

工蜂将吸入的花蜜吐出②，将蜜①及花粉③积存起来。用水滴④来调节巢内的湿度及温度，也可以将巢打扫干净⑤。检查归来的同伴⑥。分泌蜂蜡增筑蜂巢⑧。将皇浆(蜂王浆)哺喂蜂后室中正在成长期的蜂后幼虫⑩，并照顾产卵中的蜂后⑪，喂幼虫⑬蜜等⑭。

幼虫⑮⑯→蛹⑰→工蜂的诞生⑱。

通知同伴花的所在地⑲，喂雄蜂吃蜜⑳，巢里很热时，还会用翅膀扇风㉑。

土圆花蜂 | 体长 3厘米
学名 *Bombus terresteres*

圆花蜂能顺利吸食花蜜吗?

圆花蜂是大型的花蜂,全身都长着长毛,吸食花蜜、吃花粉,中舌比蜜蜂要长。所以有些花的花蜜即使蜜蜂吸不到,它们也都能顺利地吸食到。

● 仔细看

利用鼹鼠等的旧巢,在土中筑自己的巢。用腹部两侧所产生的蜂蜡,筑很多巢室,并在每一个巢室中产卵。

欧洲熊蜂 | 体长 2.5厘米
学名 *Xylopopa violacea*

熊蜂是各自谋生吗?

蜂类中最大的要算熊蜂了。它们以吸食花蜜为主,但和蜜蜂不同的是,它们不过团体生活,而是各自谋生。

一般来说,它们在旧的木材或剥了皮的树干等处筑巢。

● 熊蜂巢的直径为15厘米,深30厘米左右。它们在巢内放入花蜜及花粉的混合食物,并产下卵。巢穴下位的蜂长得较快,但羽化成虫时仍然从上位部分依次飞出巢穴。

长脚蜂

体长 3厘米

学名 *Polites gallicus*

[食物]

（花蜜及花粉）

（果实）

（蝶蛾类的幼虫）

长脚蜂常攻击蝶蛾的幼虫吗？

这种蜂类与蜜蜂不同，因为它们的幼虫吃昆虫的肉，常攻击蝶蛾的幼虫，先用口器咬碎做成肉团，再喂给自己的幼虫吃。成蜂也会舔食花蜜及腐败的果实。

过着以蜂后为中心，与工蜂、雄蜂一同组织的社会生活。

雄蜂除交配之外，什么事也不做。

正在产卵的蜂后。

工蜂正在筑巢，它咬碎树皮与唾液混合搅拌，做出像纸一般薄的巢壁。

工蜂用嘴对嘴的方式，将肉团喂给幼虫吃。

工蜂正在搬运肉团。刚从卵中孵化的幼虫，腹部末端会附在巢壁上，所以不会掉落下来。

[工蜂]

工蜂发现蝶蛾类的幼虫，就用锐利的口器将幼虫身体咬碎，做成肉团，并用大颚衔回巢内。

一变为成虫后，工蜂就停留在树干上舔食甜汁。

116

胡蜂 体长 3.5厘米

学名 *Vespa mandarinia*

🔍 胡蜂螯针的毒性厉害吗?

胡蜂非常凶猛,会袭击其他的蜂巢,杀掉蜂巢里的蜂,然后抢夺幼虫,做成肉团运回巢内,喂给自己的幼虫吃。它是有毒的蜂类,如果被它的螯针刺到,即使是人,也可能会有死亡的危险。

● 胡蜂的巢筑在树上或土中,是圆形的,非常好认。
巢是由咬碎的树皮与唾液混合而成的,里面的结构,就像一盏重重垂挂的吊灯一样。

🟢 仔细看
胡蜂强而有力的大颚。

各种蜂的生活

酒壶蜂
Eumenes micado
体长1.1~1.4厘米

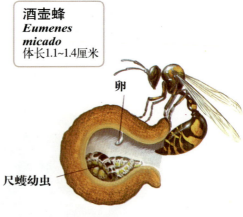

卵

尺蠖幼虫

[酒壶蜂]
用水搅拌泥土做成像酒壶一样的蜂巢，因此也称为酒壶蜂。
把尺蠖的幼虫搬入巢中，当作幼虫的食饵。

切叶蜂
Megachile spp.
体长1.2厘米

花粉　幼虫　粪便

[切叶蜂]
切叶蜂将好几张切下的树叶，搬入树或竹穴内筑巢。玫瑰及紫丁香的叶子又薄又光滑，最常被切叶蜂使用。把花粉和蜂蜜搅拌，储存在巢内的树叶上，再在树叶上面产卵。

姬蜂
Rhyssa persuasoria
体长4厘米

[姬蜂]
用触角寻找在枯树里面的树蜂幼虫，再从外面将长长的产卵管戳入树蜂幼体的体内产卵。

●仔细看
树蜂的幼虫。

红腹
**Ammophila
sabulosa infesta**
体长2厘米

[蠮螉(细腰蜂)]

先在土中挖好洞穴，然后捕捉尺蠖及盗蛾等的幼虫，用螫针刺它们使之麻痹，然后搬到巢内，在上面产卵。

● 黑细腰蜂正在捕捉蚤斯。

蟞甲蜂
**Cyphononyx
dorsalis**
体长2.5厘米

[蟞甲蜂]

蟞甲蜂先捉住猎物再挖洞穴，猎物之中以鬼蜘蛛最常被当作第一目标。它们也像蠮螉那样用螫针刺猎物，使之麻痹不能动弹，再拉进巢穴内，然后在上面产卵。

（仔细看）
没食子蜂的幼虫。

没食子蜂
**Cynips
quercusfolii**
体长0.25厘米

[没食子蜂]

没食子蜂把卵产在橡树或其他植物的叶子上，有卵的叶子上会出圆圆的虫瘿，幼虫就吃虫瘿的内部渐渐长大。

■ 袖珍动物辞典

蜂

● 昆虫纲 ● 膜翅目

此目包含种类10万种以上，蚁类也属于此目。分为低等的广腰亚目及高等的细腰亚目。细腰亚目更进一步分为有产卵管的有锥类，以及产卵管具有毒腺变化而成螫刺针的有剑类。

体长从不满0.1厘米到5厘米以上，有许多不同的生活习性，全部行完全变态。

长脚蚁

体长 0.8厘米

学名 *Aphaenogaster famelica*

🔍 蚂蚁是没有翅膀的蜂吗？

　　蚂蚁原来是某一种蜂舍弃空中飞行生活，转移到泥土中过隧道生活的昆虫。它和蜂一样由蚁后、雄蚁、工蚁共同过着团体生活。

　　春天时，长出翅膀的蚁后，与雄蚁双双飞到空中交配，然后进入泥土中的蚁巢，专心产卵。

[蚁后及雄蚁]

雄蚁　　　　　　　　　　　　　　　蚁后

● 蚂蚁的生活与巢穴

入口

蛹的穴室

工蚁将大型食物肢解

照顾幼虫的工蚁

看护卵的工蚁

蚁后的穴室

雄蚁的穴室

● 蚂蚁的体形虽小，力量却不小，当它发现大型昆虫的尸骸，则由好几只蚂蚁合力搬回巢。

[蚂蚁的奴隶]

兵蚁会袭击黑山蚁的巢，并将黑山蚁的蛹带回自己的巢，哺育这些蛹孵化成为工蚁，把它们当作奴隶使用，以照顾自己的同伴及幼虫。

■ 袖珍动物辞典

蚁

● 昆虫纲 ● 膜翅目 ● 细腰亚目
● 蚁科

蚂蚁与蜜蜂及胡斑蜂同属于细腰亚目。蚂蚁科约有4000种，以热带、亚热带为最多，特别是热带地区拥有毒针的蚂蚁很多，过着以蚁后为中心的母系社会生活。但也有些种类不筑巢，过着以整个群体移动的生活。

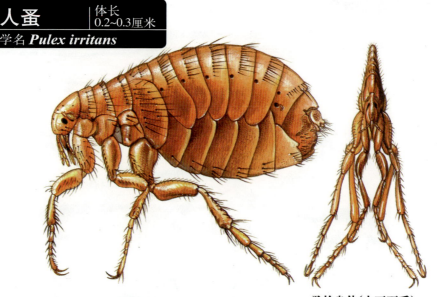

人蚤

体长
0.2~0.3厘米

学名 *Pulex irritans*

蚤的身体(由正面看)。

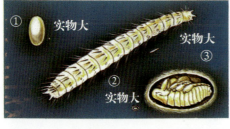

● 蚤由卵①到幼虫②再变成蛹③，进行完全变态。

● 雄蚤的体型小于雌蚤。

❓ 跳蚤寄生在哪里生活?

跳蚤寄生在所有恒温动物(鸟、兽)的身上，吸食它们的血。雌蚤在产卵时，血液是不可缺少的养分来源。由卵孵化成的幼蚤，还没有眼睛及足，只好吃身边的灰尘，或像头皮一样的动物皮肤碎屑来维持生活。蚤并不喜欢热的地方，但只要有湿度的地方就能活得相当久。

[蚤的跳跃]

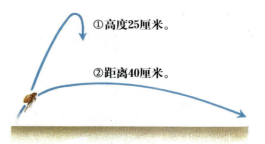

①高度25厘米。

②距离40厘米。

人虱

体长雄 0.23 厘米
雌 0.33 厘米

学名 *Pediculus humanus corporis*

❓ 虱子分哪两种？

我们一般说的虱子有两种，一种是长在鸟的羽毛上咬着羽毛的种类，称为羽虱。另一种是附着在恒温动物的皮肤上吸血的虱子。生活在人类身上的虱子，有头虱、体虱、阴虱三种。

● 仔细看

吸血虱足爪构造便于抓住毛发(上)，与羽虱的足爪比较的话(下)，可发现吸血虱的爪比较弯曲、比较长，因此容易抓住毛发。

○ 阴虱像蟹一般的身体，又横又扁，可以缠在体毛上面。

啮虫

体长 0.2 厘米

学名 *Trogium pulsatorium*

❓ 啮虫以什么为生？

啮虫被认为是和人虱及羽虱来自同一祖先的后代。头部长着像鞭子一样的长触角，有些种类也没有翅膀，专吃植物的标本及旧书等干燥的东西。

■ 袖珍动物辞典

蚤

●昆虫纲 ●蚤目

蚤的祖先被认为是蕈蝇的同类。某种蚤的蛹会生出翅芽，目前已知的蚤约有2000种以上。

蚤能感觉动物的体臭及呼出的二氧化碳，并为动物体温吸引而至。人蚤属于人蚤科，其一生约产400个以上的卵。是鼠疫的媒介及绦虫、线虫的中间宿主。

虱

●昆虫纲 ●虱目

虱已知的种类约有280种，雌虫一生平均约产230个卵。从若虫开始吸血，能成为斑疹伤寒、回归热等疾病的媒介。

独角仙

体长
4~7厘米

学名 *Allomyrina dichotoma*

甲虫的身体有什么特征?

在昆虫中，种类最多的就是甲虫类，据说有40万种。

甲虫的整个身体被称为几丁质的表皮所保护着，这种表皮十分坚硬，前翅遮盖了身体的一半以上，而且已形成很坚硬的覆盖物。

在甲虫中，独角仙属于其中的大型种类，雄的头上长着大角，以舔食甜的树汁及水果汁液为生。

■袖珍动物辞典

独角仙(甲虫类)

●昆虫纲 ●鞘翅目

独角仙属于金龟子科，这科的昆虫还有金龟子、金铜龟等约3万种以上，金龟子科昆虫分为食植物性与食粪性。甲虫类中最大的是长戟大兜虫，如果再加上角的长度，可以达到20厘米，由卵发育为成虫要费时数年。

日本虎甲虫 | 体长 2厘米
学名 *Cicindela japonica*

[食物]

（昆虫类）

虎甲虫会带路吗?

虎甲虫类的体色以淡素色居多，其中也有一些颜色极为醒目的种类。它们的幼虫在土中成长，但一变为成虫就到地上生活。幼虫及成虫都会捕食其他的昆虫。当人们接近它时，它会像带路似的向前跳，所以称为"导路虫"或"寻路虫"。

食蜗步行虫

● 食蜗步行虫正全神地攻击蜗牛，把它当作美餐。

● 幼虫在地面上向土中挖掘直径30厘米到60厘米深的洞穴，在洞穴中生活。在洞中用头当作入口的盖子，等待昆虫经过。当猎物经过时，马上用大颚紧紧捉住，再拖入洞穴中饱餐一顿。

■袖珍动物辞典

虎甲虫

● 昆虫纲 ● 鞘翅目
● 虎甲虫科

虎甲虫有大的复眼及锐利的大颚，细长的足可以快速奔跑。热带及亚热带最多，全世界已知的种类约有2000种，其中有少数能在树上生活。

欧洲粉吹金龟子 体长 3厘米
学名 *Melolontha melolontha*

❓ 金龟子会给树木带来灾害吗?

金龟子在幼虫期,是吃植物的根长大的,成为成虫之后,口器反而不能咬硬的东西,只能吃植物的叶子或花粉,以及舐食树汁等等。

它们的触角像两只刷子,是温顺的虫类。一般而言,它们每隔数年往往来一次大繁殖,会给树木及农作物带来很大的灾害。

白斑花潜金龟

翠绿金龟

🔸 欧洲粉吹金龟子的幼虫,在土中以植物的根为食。身体是白色的,过3~5年就变成蛹。

欧洲深山锹形虫 | 体长 8厘米
学名 *Lucanus cervus*

○ 两只雄锹形虫正在打架，在一旁的是雌虫。

❓ 锹形虫作战时怎样算胜利?

　　雄的锹形虫，通常具有钳状的大颚，两只雄虫为了争夺一只雌虫而作战时，就以它们的大颚做武器。尽量张开大颚钳住对方，能把对方扭倒的就是胜利者。

○ 锹形虫的幼虫以吃枯木为生，它们常在树木中钻洞而食，往往吃出一条隧道来，并在其中生活。幼虫变成蛹时，最快需要1年，最慢的要费时3年以上。

粪金龟 | 体长 4厘米
学名 *Geotrupes stercorarius*

○ 粪金龟常把兽类的粪便做成圆球，并将粪球滚回自己挖的洞穴内，再慢慢地吃它。把卵产在如梨形的硬粪球上，卵孵化成幼虫时，就吃粪便长大。

■袖珍动物辞典

金龟、锹形虫

● 昆虫纲　● 鞘翅目

● 金龟子总科 ● 锹形虫

金龟子科约有1.5万种，大多数是害虫，例如青铜金龟、绿金龟等，而粪金龟是食粪的。
锹形虫科的昆虫约有900种，在热带最多，台湾将近40种。产卵数特别少，每挖一个穴只产一个卵。

七星瓢虫 |体长 0.7厘米

学名 *Coccinella septempunctata*

[食物]

（蚜虫） （介壳虫）

瓢虫都以什么为食？

可爱的瓢虫也和甲虫是同类。多数瓢虫以蚜虫为主食，二十八星瓢虫及马铃薯瓢虫爱吃茄科、瓜类等作物，是害虫之一。而七星瓢虫及十三星瓢虫则以蚜虫及介壳虫为食。

■袖珍动物辞典

瓢虫

- 昆虫纲 •鞘翅目
- 瓢虫科

此科昆虫约有4200种，吃蚜虫的占大多数，身体的长度约0.1~1.5厘米。雌虫一次可产下几个到50个左右的卵，卵经过1星期就会孵化，然后以成虫的形态在落叶里或树洞里过冬。

○ 很多波纹瓢虫身上的色彩及花纹各有不同，但都是同一种类。

马铃薯金花虫 | 体长 1厘米
学名 *Leptinotarsa decemlineata*

❓ 马铃薯金花虫是害虫吗？

　　小金花虫也是甲虫类，幼虫及成虫都吃植物的叶子。

　　马铃薯金花虫喜欢吃蕃茄、马铃薯的叶子，往往带来很大的危害。金花虫类有很多都是害虫，农民非常讨厌它们。

栗象鼻虫 | 体长 0.8厘米
学名 *Curculio dentipes*

● 仔细看

在栗子里，栗象鼻虫的卵孵化成幼虫，靠吃栗子的果肉逐渐成长。

❓ 象鼻虫的口器有什么作用？

　　象鼻虫具有尖锐像长管一样的口器，这种口器是在树干及果实上挖洞的工具。这种像锥子般的口器可以用来挖洞，产卵时，将产卵管插入洞穴中产卵。栗象鼻虫喜欢用口器在栗子的果实上开洞。

摇篮虫 | 体长 0.8厘米
学名 *Apoderus jekelii*

[摇篮虫卷叶子的方法]

❓ 摇篮虫把卵产在哪里？

　　摇篮虫在每年5~8月时，会把叶子折弯，卷成圆筒状，再把卵产在里面。幼虫在叶子里面发育，长成蛹。也有些种类的摇篮虫，是把叶子卷好之后掉落在地上。

西洋天牛 | 体长 5厘米
学名 *Cerambyx cerdo*

蛹

❓ 天牛幼虫怎么生存?

天牛有两条相当长的触角。大多数的天牛，在胸部有锉刀状的发音板，会发出"叽叽"的叫声。天牛将卵产在树上，幼虫用坚硬的颚将树木咬开洞，能够分解树的纤维，将之吞食消化。

[天牛的头部]
天牛的口器非常尖锐，手指若被咬到，会皮破血流。

▮ 埋葬虫

○ 埋葬虫一找到鸟或老鼠、蜥蜴等的尸骸，便会挖它们四周的泥土，把尸骸掩埋。然后在土中做成像隧道一样的房间，把尸骸做成肉团，把卵产在肉团上面。

○ 虎天牛集在花上吃食花粉，而幼虫在枯木或倾倒的树中生活。

意大利萤火虫 体长 1.5厘米
学名 *Luciola italica*

[萤火虫的成长方式]

卵

幼虫

成虫(雄)

 萤火虫的腹部有发光器吗?

萤火虫的雄虫及雌虫腹部都有一个发光器,会发出光芒互相呼应。

幼虫栖息在清澈的河流中,以吃螺类的肉、水虫及小鱼、小虾为生。在河堤的土中化蛹,之后才羽化。

龙虱

龙虱
Cybister latissimus
体长3~4厘米

豉虫
Cybister salcatus
体长0.6~0.75厘米

🔸 龙虱的前足(雄)。

🔸 豉虫的每一只复眼可分成上、下两部分,能够同时看水上面及水下面。

海胆、海星、海参

砂红海星
*Luidia
Ciliaris*
臂长20厘米

海胆

海参

❓ 哪类棘皮动物的身体呈放射状?

动物的身体,一般都是左右对称的,而这一类棘皮动物的身体,却像放射状,也就是星星的形状。

身上有刺,管足内有水管,能利用水的压力,使它变为运动器官,这是此类动物的特征。

■ 袖珍动物辞典

海胆、海星、海参

●棘皮动物门

●海胆纲、海星纲、海参纲

此门动物包括海百合类、海胆类、海星类、阳隧足类及海参类五个纲,都是海产物,起源极早,约是在5亿年前的古生代石炭纪。

成体均呈放射对称,幼体是左右对称,会变态。

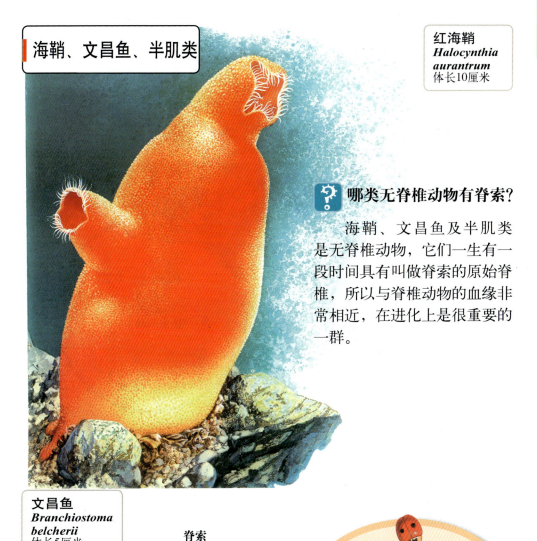

海鞘、文昌鱼、半肌类

红海鞘
Halocynthia
aurantrum
体长10厘米

❓ 哪类无脊椎动物有脊索?

　　海鞘、文昌鱼及半肌类是无脊椎动物,它们一生有一段时间具有叫做脊索的原始脊椎,所以与脊椎动物的血缘非常相近,在进化上是很重要的一群。

文昌鱼
Branchiostoma
belcherii
体长5厘米

脊索

肛门　出水口　胃 生殖器 鳃

水的方向

[半肌类]

口

肛门

■袖珍动物辞典

海鞘、文昌鱼

●原索动物门

此门分为海鞘类及文昌鱼两个亚门。

海鞘类只有在幼生期才有脊索,雌雄同体,也有营群体生活的种类。

文昌鱼类被称为是脊椎动物的直系祖先,一生都有脊索,也有脑。

133

柑桔无脚蝾螈 全长 40厘米
学名 *Siphonops annulatus*

[食物]

（昆虫的幼虫）

（白蚁）　（蚯蚓）

 雌性无脚蝾螈怎样保护卵？

无脚蝾螈同类的体型和蚯蚓很相似，它的皮肤富有黏液，有的种类皮肤内藏有鳞片，眼睛多已退化。

● 卵是由果冻般的带子连接，雌性无脚蝾螈将卵卷在身上来保护。

■袖珍动物辞典

无脚蝾螈

● 两栖纲 ● 无脚蝾螈目 ● 无脚蝾螈科
无脚蝾螈的同类一般是住在热带的泥土里。其生殖方式是卵生或卵胎生，双方都是体内受精，眼睛已经退化，以眼睛前方的触手取代，能伸缩自如地猎取食物。
无脚蝾螈的骨头和其他两栖类完全不同，但是和约四亿年前生存的两栖类很相像。其在学术上具有重要的地位。

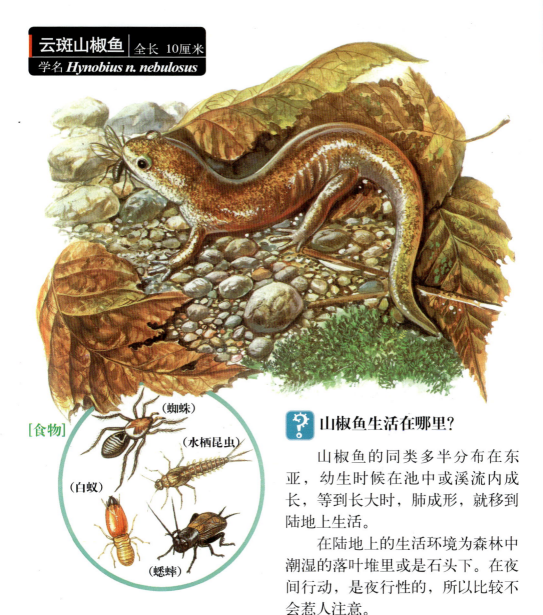

云斑山椒鱼 全长 10厘米
学名 *Hynobius n. nebulosus*

[食物]

（蜘蛛）

（水栖昆虫）

（白蚁）

（蟋蟀）

❓ 山椒鱼生活在哪里？

山椒鱼的同类多半分布在东亚，幼生时候在池中或溪流内成长，等到长大时，肺成形，就移到陆地上生活。

在陆地上的生活环境为森林中潮湿的落叶堆里或是石头下。在夜间行动，是夜行性的，所以比较不会惹人注意。

[住的场所]

● 春天在池水中产卵。　● 夏天生活在树林或竹林。

池　　　　　　旱田　　竹林　　　　树林

- 在每年的12月到3月期间产卵，卵产于透明而似香蕉状的卵囊内，卵囊内包括20～60个卵，并附着在水草上。

- 山椒鱼是冰河时代所遗留下来的动物，在冰河时代很繁盛，由于后来地球变动，天气逐渐变暖和，而其生长的环境也变得越来越小。

平衡棍

- 从卵孵化的幼体，冲破含有水分而变大的透明卵囊到外面，开始用鳃呼吸。眼睛下面有平衡棍，可利用它平衡身体游泳。

- 产卵后不回森林，而钻进稻草堆里或堆肥中，所以在种田时可挖掘得到。因此有些地方称它为"田中的鱼"。

[山椒鱼的变态]

①和蛙的幼体——蝌蚪一样，生活在水中。②长出四脚。③鳃消失后，生成肺，爬上陆地。但是其尾部仍然保留下来，不像青蛙一样消失。

①   ②   ③

[住在急流的箱根山椒鱼]

● 各种的山椒鱼

惰行山椒鱼
Hynobius
retardatus
全长14厘米

黑山椒鱼
Hynobius
nigrescens
体长13厘米

斑纹山椒鱼
Hynobius
naevius
体长10厘米

基斯林氏山椒鱼
Salamandrella
keyserlingii
体长10厘米

箱根山椒鱼
Onychodactylus
japonicus
体长11~18厘米

● 仔细看

和其他的山椒鱼不一样，是生活在一千米以上的山中的急流。在产卵期间，其趾头上会生出爪增加附着力，以防被急流冲下。其卵块附着在岩石间隙内。

■袖珍动物辞典

山椒鱼

●两栖纲 ●山椒鱼目 ●山椒鱼科
山椒鱼科是属于成长后尾部亦不会消失的有尾类，是现存有尾类的动物中最原始的一种。东亚、西亚产最多，而欧洲只生长基斯林氏山椒鱼一种。在陆地上用皮肤和肺两种方式呼吸。但生长在急流中的箱根山椒鱼，没有肺部，只用皮肤呼吸。

大山椒鱼 全长 60~100厘米
学名 *Andrias japonicus*

尾尖像鳍。

腹部旁边有褶皱的厚皮肤。

嘴巴张开，遇有动物接触嘴巴，就将其吞下。

眼睛小，不会眨眼，没什么作用。

大山椒鱼有怎样的闻名于世的称呼？

大山椒鱼类和生长于三亿年前的两栖类的祖先很相像，因此以"活化石"的称呼闻名于世。大山椒鱼的一生在山中的清澈河川中度过。

大山椒鱼的生活史

[食物]

（螃蟹）（鱼）（蛙）（昆虫）（蜗牛）（山椒鱼）（蚯蚓）

○ 在堤防水面下2～3米的地方筑横穴，白天躲在洞穴内，晚上有时出来到河底找食物。触到口边的任何东西都吃下去。

○ 捕到蛙的大山椒鱼。

○ 夏末，雄大山椒鱼在上流掘穴，引诱雌的大山椒鱼产卵。卵生长在带状连接的卵块里，大概五十天卵就能孵化。

各种的大山椒鱼

大卫氏山椒鱼
Andrias davidianus
全长150厘米

美国大山椒鱼
Andrias davidianus
全长75厘米

■袖珍动物辞典

大山椒鱼
● 两栖类 ● 山椒鱼目
● 大山椒鱼科

大山椒鱼科的动物，长大成成体时也没有眼皮，在水中生活仍然留着幼生时代的特征。

属于大山椒鱼科的大山椒鱼是现存两栖类中体型最大的。分布在日本西部，在日本被指定为特别天然纪念物而受保护。

虎斑山椒鱼
全长 19~33厘米
学名 *Ambystoma t. tigrinum*

（水中昆虫的幼虫）

（蝌蚪）

（蚯蚓）

[食物]

○ 保持着幼体的形态，而变为30厘米大成体的山椒鱼。

钝口山椒鱼有哪两种生活方式？

只分布在北美洲的钝口山椒鱼的种类，具有宽头和小眼睛，并且有发达的肋骨沟和肺。

随住处环境的不同，一生都以幼体的形态在水中生活或者变态，鳃消失，而在陆上生活，也可以有两种生活方式。

○ 变态而成为成体的虎斑山椒鱼，如果水池干涸，就在森林的石下或地中生活。

[虎斑山椒鱼的生活方法]

幼体

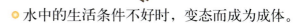

- 水中的生活条件不好时，变态而成为成体。

- 水中生活条件好时，保持幼体的形态成为成体，此种发育称为幼型成熟(即幼体繁殖)。

钝口山椒鱼的同类

- 幼体生活在山谷的河川，成体生活在太平洋岸的潮湿森林里。有完整的肺，可以捕食蛙和蛇类。

大虎斑山椒鱼

奥林匹亚山椒鱼

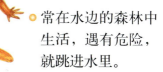

墨西哥山椒鱼

- 常在水边的森林中生活，遇有危险，就跳进水里。

- 通常以幼体时的形态成熟。

黄星山椒鱼

■**袖珍动物辞典**

钝口山椒鱼

- 两栖纲 ● 山椒鱼目 ● 虎螈科

虎斑山椒鱼具青黑体色及黄斑，系中型的山椒鱼，分布在北美。

虎斑山椒鱼的生殖方法，是由雄性排出精子，再由雌性将精子纳入总排泄孔以行体内受精。

虎斑山椒鱼和黑西哥山椒鱼的同类，一直以幼小时的体型成熟，但若用人为的方法，改变其生活环境时，则会进行变态长成成体。

白斑山椒鱼

鸡冠蝾螈 | 全长 18厘米

学名 *Triturus c. cristatus*

[食物]

[食物]

(蝌蚪)

(水生昆虫或
昆虫的幼虫)

(蛙卵)

(蚯蚓)

分布在日本的蝾螈有何不同之处?

蝾螈类和山椒鱼类很相近,有长尾。有些种类身体上有美丽的花纹或像鸡冠状的突起。但是分布在日本的蝾螈它的皮肤是粗糙的,和身上光滑、而富粘性的山椒鱼大不相同。卵产在水草内和蛙一样,经过变态而长大。

● 仔细看

嘴的两边有锯齿状突起,用以捕捉食物,不使它逃走。

● 蝾螈的生活史

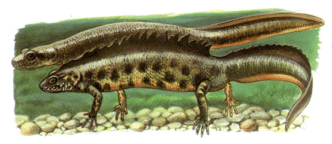

● 在繁殖期，雄性背上会
出现鸡冠状的突起。

雌性将精子块从
排泄腔纳入。

● 雄性在雌性的面前作圆
形旋转的夸示行为后，
放出精子的团块，雌性
将精子块从排泄腔纳入
而行体内受精。

● 繁殖期以外的时期，在
陆地捕食蚯蚓或昆虫为
生。冬天则躲在地底下
的洞穴或根下冬眠。

卵　　　　　　　　　[斑点蝾螈的变态]

幼体　　　　　新成成体
　　　　　　　的蝾螈

成熟的蝾螈

● 冬眠状态的鸡冠蝾螈。

● 斑点蝾螈，幼体时代生活在水中，等到外鳃
消失后在陆上生活，以后再回水中生活。

143

● 各种的蝾螈

土耳其鳃蝾螈
Triturus
vittatus ophryticus
全长 雄16厘米
　　　雌16厘米

雄

雌

带纹蝾螈
Triturus v.
vulgaris
全长 雄11厘米
　　　雌9.5厘米

雄

雌

雄

雌

山陵蝾螈
Triturus
montandoni
全长 雄8厘米
　　　雌10厘米

雄

雌

花斑蝾螈
Triturus m.
marmoratus
全长 雄16厘米
　　　雌14厘米

雄

雌

[鸡冠蝾螈的变态]

卵

幼体

刚变态完的成体

● 卵个别散产于水草上，自孵化至外鳃消失成为成体约需2～3个月。

144

加州蝾螈
Taricha torosa
全长20厘米

西班牙列疣蝾螈
Pleurodeles waltl
全长30厘米

绯腹蝾螈
Cynops pyrrhogaster
全长 雄10厘米
　　 雌13厘米

雄

雌

高山蝾螈
Triturus alpestais
全长 雄8厘米
　　 雌9~12厘米

雄

雌

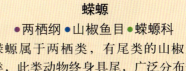

雄

雌

瑞士蝾螈
Triturus h. helveticus
全长 雄7.5厘米
　　 雌9.2厘米

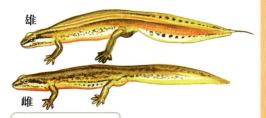

■袖珍动物辞典

蝾螈

●两栖纲 ●山椒鱼目 ●蝾螈科

蝾螈属于两栖类，有尾类的山椒鱼类，此类动物终身具尾，广泛分布于北半球。

鸡冠蝾螈，雄性在繁殖期，背部有鸡冠状突起物出现，是它的第二性征，有些种类是身体肤色变得深浓，有的趾头变得粗大，也是它的第二性征。

鸡冠蝾螈具有毒性，但是分布在美国加州的蝾螈的卵或皮肤也具有和河豚同样的毒物性质。

花斑蝾螈

全长 20~28厘米

学名 *Salamandra s. salamandra*

[食物]

（蚯蚓）

（鼠妇）

（昆虫）

🔧 **花斑蝾螈通常什么时候寻找食物？**

花斑蝾螈分布在欧洲大陆丛林内的潮湿土地上，和蝾螈是同类。除幼体时代外，其余时间都在陆地上生活。

通常都是在晚上出来寻找食物，但是在下雨后的白天也能发现它的踪迹。和其他蝾螈所不同的是，成体不会游泳。

● 受攻击时，从眼睛后面的耳腺放出白色的强性毒液，这种毒液可杀死狗。

[黄条蝾螈的产卵]

幼体

卵在雌体内孵化而生长，至约3~5厘米体长的幼体时离开母体，开始水中生活。雌体为了不使幼体淹死，只把排泄腔部分接触水面而生产。

黄斑蝾螈

阿尔卑斯蝾螈

眼镜蝾螈

粗皮蝾螈

列疣蝾螈

西班牙列疣蝾螈

■袖珍动物辞典

欧洲蝾螈

●两栖纲 ●山椒鱼目 ●蝾螈科

黄条蝾螈有红色的和黄色的美丽斑点，但依斑点和身体的形态可分为十二种不同的亚种。

黄条蝾螈的卵在雌体内孵化，至幼体长大成形出来，是卵胎生。

约在4~5月，一只雌的山椒鱼可在水中产出10~40只的幼体，受精期是前一年的7~8月，在陆地交尾，雌体接受雄性的精子团块在体内受精。

147

列疣蝾螈 全长 16厘米
学名 *Tylototriton andersoni*

[食物]

(蚯蚓)

(昆虫)

什么种类的蝾螈是最原始的种类？

列疣蝾螈是约在五千万年前广泛分布在欧亚大陆上，但现在只分布在中国和日本的奄美大岛、冲绳本岛、德之岛等处。

躯干的两边有疣排列，是蝾螈中最原始的种类。生活在潮湿的山地森林的洞穴或落叶的下面。除繁殖期外，都不下水。

■袖珍动物辞典

列疣蝾螈

●两栖纲 ●山椒鱼目 ●蝾螈科

列疣蝾螈是在五千万年前已生活在地球上的"活化石"，在日本因开发之故，使得生活栖息的场所逐渐受到威胁。

卵大型，散产于水中，幼体时期在水中生活。除了栖息在日本的列疣蝾螈外，在中国南部、泰国北部、喜马拉雅山东部等地，也有别的种类的列疣蝾螈，现今所知计有六种。

鳗螈

全长100厘米

学名 *Amphiuma means*

（蜗牛）

（鱼）

（螯虾）

[食物]

❓ 鳗螈有"昼伏夜出"的习性吗？

　　鳗螈的身体像鳗一般细长，脚短小，栖息在水中。白天隐藏在水草间或洞穴中，到了夜间才出来寻找食物。

　　鳗螈幼体成长后，鳃逐渐消失只留下鳃穴呼吸空气，但其他的种类，则终生具有鳃。

● 下雨时爬到陆地上，并隐藏在草丛里。

149

● 鳗螈的同类

洞穴蝾螈
Proteus anguinus
全长30厘米

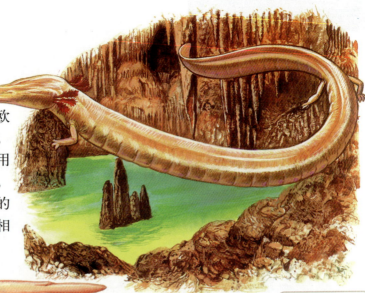

● 洞穴蝾螈栖息在欧洲东南部洞穴内，眼睛完全退化，用发达的外鳃呼吸，具有和刚生下来的幼体(下图)几乎相同的体型。

幼体

微点鳗螈
Necturus m. maculosus
全长25~40厘米

● 微点鳗螈与洞穴蝾螈是很接近的同类，生活在光亮的地方，如鳗螈的眼睛很发达，生活在水草多的地方。幼体不变态，保持幼体体型慢慢长大成成体。

拟鳗螈
Siren lacertina
全长100厘米

● 除了三对外鳃外，还用肺呼吸空气。没有后脚，游泳时像鳗一样弯曲身体游泳。

■袖珍动物辞典
鳗螈、洞穴蝾螈、拟鳗螈、
微点鳗螈
●两栖纲 ●山椒鱼目 ●鳗螈科
都为终身保存尾部的山椒鱼，变态过程不完整，尾部很发达，脚小，具有不少共同特征，属此种类者一般终身具有鳃，然而鳗螈例外，成长后鳃消失，只留下鳃穴。

150

无肺螈
全长17厘米

学名 *Plethodon g. glutinosus*

(蜗牛)

(昆虫)

(蚯蚓)

[食物]

❓ 蜥型无肺螈怎样吃东西?

蜥型无肺螈生活在森林里,有细长的躯体和短小的脚。下颚不能动,所以吃东西时,要牵动上颚才能张开嘴巴,前端有像蘑菇般的舌头,能粘住猎物送进口内。没有肺,靠皮肤呼吸。

[蜥型无肺螈同类的特征]

仔细看

舌头长,前端像蘑菇般有粘性,能粘住猎物而送入口中。

仔细看

下颚不能动,因此须把上颚往上举才能张口。

仔细看

有连接鼻孔和嘴唇的沟,双条长毛山椒鱼的这种沟非常发达。

[蜥型无肺螈的成长过程]

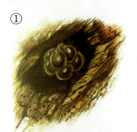

蜥型无肺螈的同类

云纹无肺螈

红条无肺螈

四趾无肺螈

伊斯兰氏无肺螈

加州细无肺螈

红无肺螈

成体

幼体

洞穴长尾无肺螈

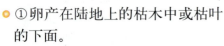

双条长尾无肺螈

● ①卵产在陆地上的枯木中或枯叶的下面。

②卵中幼体开始变态。

③在此过程中，母体在旁边守护不离开。

④等到变态完成后才孵化出来。

长尾无肺螈

■袖珍动物辞典

蜥型无肺螈

● 两栖纲　● 山椒鱼目
● 山椒鱼科

蜥型无肺螈除在欧洲有少数种类分布以外，大都分布在北美与南美洲。大多在陆上生活，部分种类在水中及树上生活。蜥型无肺螈在变态鳃消失后，不形成肺，成体以皮肤呼吸。

德州无眼山椒鱼 | 全长 11厘米
学名 *Typhlomolge rathbuni*

（住在洞穴的虾）

[食物]

[对洞穴生活的适应]

德州无眼山椒鱼生活在哪里？

德州无眼山椒鱼是分布在北美蝾型无肺螈的同类，生活在洞穴中。但更能适应黑暗中的生活，行幼体繁殖。

眼睛退化　　　鳃终身存在

　　　　　　　扁平的躯体

尾部终身留有清楚的鳍

脚部细而长

仔细看

幼体时生活在洞外的地上，有明显而具有视觉的眼睛。

蛙

蛙的生活方式是怎样的?

蛙类和山椒鱼不一样,当它长成后,尾巴即消失。

大多数的蛙是生活在暖和且潮湿的土地;部分种类终生在水中生活,但也有在水中及陆上行两栖生活的。

[食物]

(蛭蝓)
(蚯蚓)
(蜗牛)
(马陆)
(昆虫)
(蜘蛛)

[食物]

● 蛙的身体构造

[眼睛]

白天瞳孔缩小，抑制光线，到了夜晚，瞳孔全开，在水里时，下眼皮向上动，盖上眼睛，下眼皮是透明的。

[口]

口可张得很大，将猎物一口吞下。

[耳]

如人耳朵的形态，鼓膜露在外面，借以捕捉空气和在水中振动。

[皮肤]

不但肺能呼吸，皮肤也能呼吸，为能好好地呼吸，皮肤富有粘液。

[后肢]

普通后肢比前肢长，腿的筋肉也较发达。

瞳孔

鼻孔

下眼皮

光圈

前肢有四个趾。

[蹼]

后脚有蹼，而雨蛙的趾上则还长着吸盘。

● **仔细看**

猎取食物时，张开大口将猎物瞬间捕捉或伸出长舌来捕捉。

[游泳方式]

后肢平常是折叠的，但在游泳或在陆地上跳跃时，可以变得如弹簧般强而有力。其体型可适应水中和陆地上的两种生活。

[体色的变化(树蛙)]

蛙依住所和季节的不同，而改变其身体的颜色。

○ 雄蛙爬到雌蛙身体上，勒紧身体，引诱雌蛙产卵，卵是包在透明如洋菜样的卵囊内，有一千个以上。

[蛙的鸣叫方式]

蛙的鸣叫方式有用喉部胀大的叫法(如雨蛙等)和用两颊胀大的叫法(如虎皮蛙等)两种方式。红蛙是一种鸣叫时不太会胀大的蛙。

虎皮蛙类　　　　　雨蛙类　　　　　红蛙类

● 蛙的产卵和变态生长过程

[虎皮蛙]

⑧成蛙

⑦爬到陆地上来

①卵

②孵化过后

⑥尾部变短

③外鳃长出来

④外鳃消失后肢长出来

⑤前肢长出来

[蝌蚪]

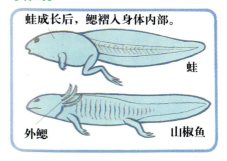

蛙成长后，鳃褶入身体内部。

蛙

外鳃

山椒鱼

[蛙的冬眠]

在寒冷的地方，一到秋天时，蛙的皮肤很敏感，感觉到冬天即将来临的寒冷，用后脚挖掘洞穴，而潜入土中。至温度下降到15摄氏度在10～20厘米的土中，用土壤的温度和湿度包裹身体而冬眠。

● 蛇是蛙最大的害敌，常常静悄悄地接近蛙的身旁，一口将其吞下。

[蛙的害敌]

● 伯劳抓到蛙时，有将蛙刺在树枝上的习惯。

● 红娘华等在水中时，可用毒液麻痹蛙，以吸收它的体液。

[蛙的居住场所]

树叶上(树蛙)　　　　土中(蟾蜍)　　　　树或草上(青蛙)

● 各种不同种类的蛙

欧洲虎皮蛙
*Rana
esculenta*
体长4~6厘米

豹斑蛙
*Rana
pipiens*
体长9厘米

沼地红蛙
*Rana a.
arvalis*
体长7厘米

加拿大红蛙
Rana
sylvatica
体长6厘米

荷斯氏蛙
Rana
hosii
体长10厘米

毛蛙
Trichobatrachus
robustus
体长10厘米

牛蛙
Rana
catesbeiana
体长15~20厘米

笑叫蛙
Rana r.
ridibunda
体长15厘米

亚洲绿蛙
Rana
erthraea
体长5~7厘米

霸王蛙
Rana
goliath
体长20~40厘米

负子蛙
Pi
Pa
体长15厘米

欧洲铃蛙
Bombina bombina
体长3.5~5厘米

黄腹铃蛙
Bombina v. variegata
体长4厘米

守卵蛙
Alytes o. obstetricans
体长5厘米

无耳蛙
Discoglossus p. pictus
体长6厘米

荷尔布瓦铲脚蛙
Scaphiopus h. holbrooki
体长5厘米

红角蛙
Ceratophrys ornata
体长10厘米

黄条拟蟾蜍
Pseudophryne corroboree
体长3厘米

非洲毒蛙
Phrynomerus b. bifasciatus
体长4厘米

主教隆背蛙
Notaden bennetti
体长3厘米

达尔文氏尖鼻蛙
Rhinoderma darwinii
体长3厘米

欧洲蟾蜍
Bufo b. bufo
体长10~15厘米

茅条蟾蜍
Bufo calamita
体长8厘米

欧洲树蟾
Hyla arborea
体长4厘米

绿树蟾
Litoria caerulea
体长8厘米

美洲树蟾
Hyla cinerea
体长5厘米

卡姆隆蟾蜍
Bufo superciliaris
体长8厘米

美洲蟾蜍
Bufo americanus
体长8厘米

哥尔治氏树蟾
Fritziana goeldii
体长4厘米

非洲牛蛙
Rana a. adspersa
体长22厘米

乔木树蛙
Rhacophorus arboreus
体长7~9厘米

河鹿蛙
Buergeria buergeri
体长4~7厘米

马来飞蛙
*Rhacophorus
reinwardti*
体长7厘米

绯身箭毒蛙
*Phyllobates
bicolor*
体长4厘米

马卡西金色蛙
*Mantella
aurantiaca*
体长3厘米

虎叫蛙
*Hylactophryne
augusti latrans*
体长6~9厘米

细瘦箭毒蛙
*Ateropus v.
varius*
体长4厘米

黄头斑箭毒蛙
*Dendrobates
sp.*
体长3厘米

■袖珍动物辞典

蛙

●两栖纲 ●蛙目

蛙类和山椒鱼类不大一样，在世界各地都有广泛的分布。蛙类躯体短小，变态后，尾部会消失。幼体叫蝌蚪，以植物为主食，肠细长，但长大成蛙后，变成以吃动物为生，因而肠变短。

蛙类的生活方式有很多种，有的在水中生活，有的水陆两栖性，也有的在陆地、树上等生活。

欧洲虎皮蛙，一次产卵可产直径达2厘米的卵数千个，约一个礼拜后就可孵化成蝌蚪，不到两个月，就可形成幼蛙，再经过约2年的时间，就可成熟。

黑斑红箭毒蛙
*Dendrobates
typographicus*
体长3厘米

塞内加尔蛙
*Kassina
senegalensis*
体长4厘米

负子蛙 | 体长 15厘米
学名 *Pipa pipa*

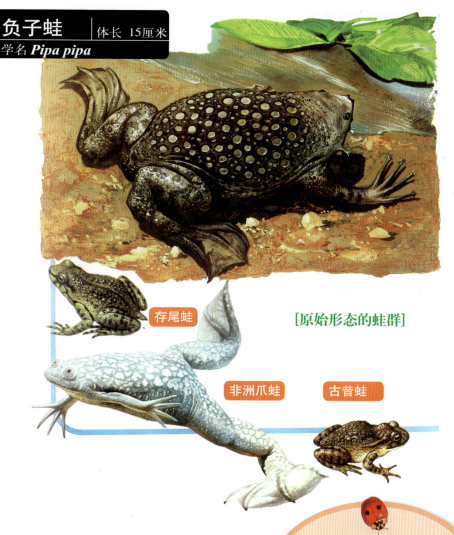

存尾蛙

[原始形态的蛙群]

非洲爪蛙　　　古昔蛙

 负子蛙的身体特征有哪些?

　　负子蛙是一种原始的蛙，生长在南美，身体体型扁平是它的特征，眼睛小，没有舌头。卵在雌蛙背上的凹陷处孵化，变成蝌蚪，暂不出外，在水中生活，捕食小型水生动物和鱼。

■袖珍动物辞典

负子蛙

●两栖纲 ●蛙目 ●负子蛙科

负子蛙的产卵很特殊，雄蛙抱着雌蛙的腰在水中做圆形旋转的舞蹈后，将卵排出，落在雄蛙的腹部，不久沉到水底掉在雌蛙背上，被埋在膨胀的皮肤里，在这里慢慢成长，大概经过了3~4个月后，完成变态成为幼蛙再出来。

欧洲铃蛙
体长 3.5~5厘米

学名 *Bombina bombina*

（蜻蜓）

[食物]

（蚯蚓）

（昆虫）

（蜗牛）

[食物]

❓ 铃蛙捕食时有什么特殊特点？

铃蛙的体色依其分布的地域而不同，在东亚一带的铃蛙是绿色的，而分布在欧洲的是灰色的。因为它的舌头不能活动，捕食昆虫时，需全身跳跃才能捕捉，这点是与其他种类不同的地方。

🟢 仔细看

遇到敌人时，抬头将身体弯曲成弓状，显出腹部的颜色，用以威吓，以保护自己(欧洲铃蛙)。

角蛙

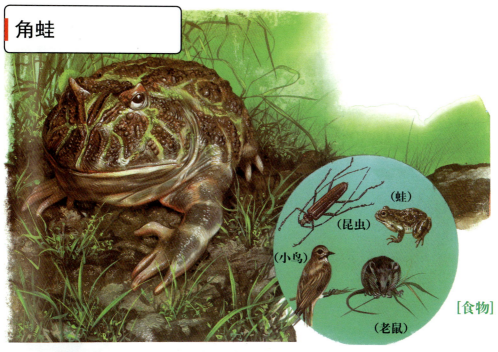

(昆虫)　(蛙)

(小鸟)

(老鼠)

[食物]

华美角蛙

● 同类会互相残杀的华美角蛙。

● 咬到人的手指也不会放松。

哥伦比亚角蛙

 角蛙的面部特征有哪些?

　　角蛙性极粗暴，上眼皮伸出成角状，上下颚粗壮而发达。

■袖珍动物辞典

角蛙

●两栖纲 ●蛙目 ●长趾蛙科

角蛙具妖艳的肤色与头上的角状突起，成为可怕的形状，此种肤色与斑纹为保护色的一种。

头部的角是皮肤突起，并不是武器。具有攻击性但没有毒，幼蛙时期也是肉食性，捕食其他蛙类的幼蛙。

铲脚蛙

铲脚蛙的身体特征?

铲脚蛙的特征是在后脚有突起，如同铲子般可迅速掘穴，以隐藏身体。

是完全夜行性，眼睛构造和猫相似，在光亮处，瞳孔会收缩成线形。

蒜味蛙

[食物]

（蚯蚓）

（蜗牛）

（昆虫）

颠倒蛙

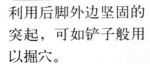

🔵 仔细看

利用后脚外边坚固的突起，可如铲子般用以掘穴。

马来角蛙

● 铲脚蛙的同类，住在亚洲南部的森林中。

幼体

● 蝌蚪时期的身长比成蛙大，分布在南美，它的一生在水中度过。

■袖珍动物辞典
铲脚蛙
● 两栖纲 ● 蛙目 ● 铲脚蛙科
铲脚蛙这一类，多地下生活，在沙滩或多沙的地方。蒜味蛙产在欧洲，皮肤腺会产生像大蒜味道的液体。
和枯叶相似的马来角蛙，在森林的落叶堆的水洼处产卵。

绯身箭毒蛙 体长 4厘米
学名 *Phyllobates bicolor*

(蜗牛)

(蜘蛛)　(昆虫)

[食物]

? 箭毒蛙的毒可以做毒箭吗?

　　分布在中南美的箭毒蛙类，皮肤有毒，当地的印地安人用以制造毒箭。依恃它的毒性，敌人不敢接近，以至白天都能出来活动。雄性箭毒蛙，将孵化的幼体附在身上以保护。

● 仔细看
指尖的吸盘分叉成两个是其特征。

[达尔文氏尖鼻蛙]

幼体

● 分布在智利和阿根廷。雄蛙将雌蛙所产的卵吞下去，收藏在鸣囊中，一直照顾到幼体完成变态为止。

■袖珍动物辞典

箭毒蛙

●两栖纲　●蛙目　●箭毒蛙科

是一种能从皮肤腺分泌出剧毒的蛙类，身上有鲜明的色彩和花纹。

南美的印地安人将这种蛙类用火烤，来收集从皮肤腺上所流出的毒液，做成毒箭。据说，一只蛙所收集到的毒液，多到可杀死30人左右。

欧洲蟾蜍

体长
10~15厘米

学名 *Bufo b bufo*

（蚂蚁）

（蚯蚓）

（蜗牛）

[食物]

（蝗虫）

蟾蜍平时生活在哪里？

蟾蜍和别的蛙类不大一样，它的后肢短小，所以行动笨拙不会跳跃，只能用四只脚走路移动。除了产卵期以外，都不接近水边，生活在平地、山地的旱田或草丛中等处，白天隐藏在住所，等到晚上才出来寻找食物。

[蟾蜍的冬眠]

蟾蜍在十月至三月期间，在干燥的山坡斜面或草丛中，掘洞穴而冬眠。到了春天，经过几阵温暖的春雨下过后，就慢慢从冬眠状态苏醒过来。

蟾蜍的生活史

卵

○ 到了产卵期间，雄蟾蜍设法爬到雌蟾蜍背上，以致引起池中的大骚动。

○ 抓紧雌蟾蜍的背部，而诱发其产卵。

○ 从冬眠醒过来的雄蟾蜍，向有池塘的地方开始移动，其距离有时达数千米。如半途遇到雌蟾蜍，乘上雌蟾蜍的背再继续移动。

○ 被敌人袭击时，从眼后的耳腺射出白色毒液，这种毒液能使猫等动物吐泡沫而痛苦不已。

○ 蟾蜍不怕多种的蛇类，反而仗势而威吓它。或如小型的蛇，就一口将其吞下。

○ 有些蟾蜍不回到山上的住处，而在农家仓库的房舍边处，进行冬眠。

大蟾蜍
Bufo
marinus
体长15厘米

雌

日本蟾蜍
Bufo bufo
japonicus
体长10~15厘米

平原蟾蜍
Bufo
cognatus
体长8~10厘米

雄

桔色蟾蜍
Bufo
periglenes
体长 雄3厘米
　　雌3厘米

蟋蟀蟾蜍
Ansonia
grillivoca
体长3.5厘米

茅条蟾蜍
Bufo
calamita
体长8厘米

水蟾蜍
Pseudobufo
subasper
体长8~10厘米

■袖珍动物辞典

蟾蜍

●两栖纲 ●蛙目 ●蟾蜍科

蟾蜍类分布于世界各地，皮肤表面有疣(疙瘩)，不仅有耳腺，全身各处有皮肤腺。体外受精，卵的直径2厘米，保护在洋菜质的细带中。大约10~12天就可变成黑色蝌蚪，再经过2~3个月成幼蟾蜍。

欧洲树蟾 体长 4厘米
学名 *Hyla arborea*

[食物]

（各种昆虫或蜘蛛）

● 仔细看

指尖的吸盘。

🔧❓ 树蟾与树蛙是同类吗?

　　树蟾很能适应在树上的生活，指尖的吸盘很发达，和同样生活在树上的树蛙不同类，但是却和蟾蜍由同一祖先演变而来，之后再分化而适应在树上生活。

在树叶上　　　　地上　　　　树干

● 树蟾依住处的不同，可随之改变身体颜色。依温度高低，光线强弱，亦能变换颜色。

● 树蟾善于跳跃，一跃可捕捉在空中飞行的昆虫。

● 吸盘发达，能停在树叶上，或轻松地在树枝间移动。

[树蟾的各种动作]

● 具有和自己体型同大的鸣囊，所以能发出很响的声音。

● 卵产在水草根部。雄树蟾抱紧雌树蟾的背，催促产卵。

● 树蟾和蟾蜍，是出自同一祖先。

在树上生活　树蟾

祖先　蟾蜍

树蟾的种类

[树蟾的奇特产卵法]

法贝尔氏树蟾
Hyla
faber
体长9厘米

太平洋树蟾
Hyla
regilla
体长5厘米

○ 雌树蟾在浅水低洼处用泥土筑成圆形的巢穴，和雄树蟾紧抱在一起，将卵产在巢里面。

盖尔氏树蟾
Fritziana
goeldii
体长4厘米

背袋树蟾
Gastrotheca
marsupiata
体长3厘米

○ 卵在雌树蟾背上凹陷处变成蝌蚪后，雌树蟾再将蝌蚪放进有雨水的叶子里。

○ 卵在雌树蟾背上的袋子里孵化，这种育儿袋可扩大到整个背部，袋子出入口在背后面。孵化后出入口展开，将幼儿放进水里。

金丝雀树蟾
Hyla
meridionalis
体长4厘米

饰斑合唱蛙
Pseudacris
ornata
体长3厘米

古巴树蟾
Hyla
septentrionalis
体长15厘米

■袖珍动物辞典

树蟾

●两栖纲 ●蛙目 ●树蟾科

树蟾分布在世界各处，很能适应树上的生活，有耐干燥的特性，皮肤平滑，上颚有齿。
肤色的变化决定于皮肤上的色素细胞，特别是黑色素细胞中的黑色色素，因为它们在细胞内有时扩散，有时凝集。由脑下垂体荷尔蒙调节这种功能。

婆罗洲树蛙 体长 雄5.5厘米 雌4~7.5厘米

学名 *Rhacoqhorus p. pardalis*

○ 从约5.5米的高度跳下时可以移动到距离树木7.5米的树枝上。

● 仔细看

身体周围有一层不太明显的膜伸缩。

[适应飞翔的身体构造]

① 飞蜥

② 飞翔壁虎

③ 飞蛙

🔍 树蛙中有会飞的吗?

　　树蛙和树蟾蜍很相像,但是它是从红蛙分化演变来的,能适应树上生活。

　　树蛙中有一类叫飞蛙,它的脚趾比其他的蛙长,前脚有发达的蹼,跳跃下来时有如降落伞般的作用。

　■袖珍动物辞典

树蛙

●两栖纲 ●蛙目 ●树蛙科

树蛙的卵大部分呈泡沫块状,雌蛙在产卵前,从排泄孔分泌粘液,用后脚搅拌液体,使产生泡沫,而产卵在里面。卵块粘附在突出于水面的树枝上,由泡沫包围,不让卵块干燥。孵化不久产生的蝌蚪,从泡沫中出来,落入水中,但有部分种类则一直在卵块中成长,等到完全变态长成幼蛙后,才离开泡沫。

非洲钻地蛙 体长 5厘米

学名 *Breviceps adspersus*

(蚂蚁)

(白蚁)

(蚯蚓)

[食物]

🔹 **钻地蛙以什么为生？**

　　钻地蛙大多居住在热带地方，头和口都很小，用后肢挖土，捕食白蚁和蚂蚁。

　　非洲钻地蛙大多住在土中，它们挖掘约30厘米深的洞穴以产卵。

🔸 不停地吃白蚁的非洲钻地蛙。

🔵 仔细看

在卵膜内的非洲钻地蛙。

亚洲钻地蛙
Kaloula pulchra
体长8厘米

175

希腊陆龟 | 甲长 30厘米
学名 *Testudo g. graeca*

(花) (叶)

(果实)

(蚯蚓)

(蜗牛)

[食物]

❓ 龟有什么特长？

有龟甲，头能隐藏在甲壳内，是龟的特长，甲是鳞片变化而来的，极为坚固。

住在干燥地方、池里或海里等地方。脚形为适应各住处的环境不同而有不同。大约在两亿年前，就有龟类的祖先出现。

🔵 仔细看

龟没有牙齿，但上颚的边缘极为锐利，可以很容易地咬断食物。

● 龟的生活

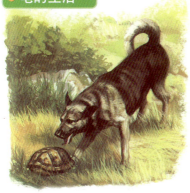

● 如遇有敌人接近，可以将头、脚全部缩入隐藏在龟甲内，如此，可以一直保有古代的姿态而生存下来。

[龟甲]

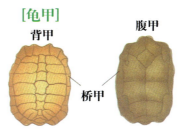

背甲　腹甲　桥甲

● 背甲是鳞片变成的，腹甲伸出和背甲接触的地方，叫做桥甲。肋骨变成扁平，从内侧支撑背甲。

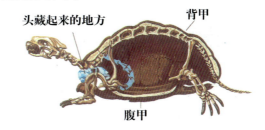

头藏起来的地方　背甲　腹甲

[冬眠]

● 天气变冷时，躲在石头下或泥土下面冬眠。

● 仔细看

用尿润湿沙土，将卵产在这潮湿沙地上。

①

②

③

④

⑤

● 卵孵化后，幼龟吃卵壳片(①~④)，有时也会发出声音(⑤)。

龟的种类

拟蛇龟
Chelydra s. serpentina
甲长30~47厘米

大头龟
Platysternon m. megacephalums
甲长18厘米

草龟
Chinemys reevesi
甲长25厘米

欧洲沼龟
Emys orbicularis
甲长25厘米

辐纹车龟
Geochelone radiata
甲长40厘米

黄腹龟
Chrysemys s. scripta
甲长27厘米

杜尔尼氏陆龟
Malacochersus tornieri
甲长15厘米

哥法龟
Gopherus polyphemus
甲长34厘米

[龟的祖先]

克苑斯氏原龟
Proganochelys quenstedti
甲长60厘米

◦ 这是龟的祖先，有牙齿、头和脚，但是头脚不能退缩。

加拉巴哥斯象龟
*Geochelone
e. elephantopus*
甲长100~130厘米

赤蠵龟
*Caretta
caretta*
甲长100厘米

拟鳖
*Carettochelys
insculpta*
甲长50厘米

革龟
*Dermochelys
coriacea*
甲长150~240厘米

豹纹斑龟
*Geochelone
p. pardalis*
甲长68厘米

■袖珍动物辞典

龟

●爬虫类 ●龟目

现存的龟类依它的头收进甲内的方式可分如下两种，潜颈亚目——把头直进甲内，曲颈亚目——把颈部弯曲而收进去。两种皆为卵生，寿命很长，分布在世界各地，依其栖所分为陆地产、淡水产、海洋产三种类群。其中以居住在淡水中的龟种类最多。

中国鳖
*Trionyx
s. sinensis*
甲长17~35厘米

缨毛龟 | 甲长 40厘米

学名 *Chelus fimbriatus*

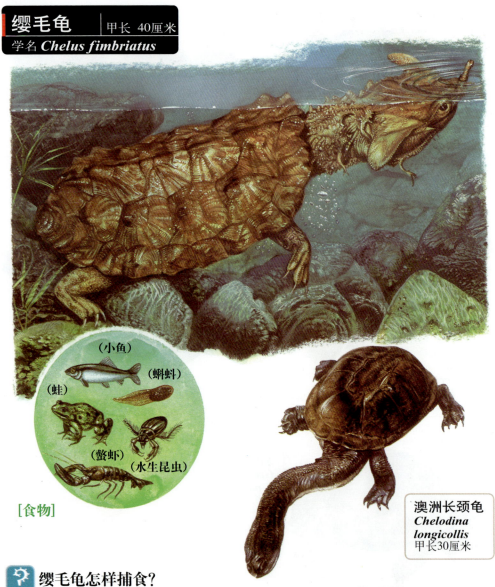

(小鱼)
(蝌蚪)
(蛙)
(螯虾)
(水生昆虫)

[食物]

澳洲长颈龟
Chelodina longicollis
甲长30厘米

 仔细看

缨毛龟怎样捕食?

缨毛龟是一种居住在南美的龟,用细长的鼻尖伸出水面呼吸。猎取食物的方法是静静地隐藏在河底的植物中,将嘴巴张开静候动静,一有猎物进入,即马上闭口吞下。

和缨毛龟同类又被称为蛇颈龟,长长的颈先弯曲后再收进甲壳内。大洋洲的长颈龟的颈特别长。

鳄甲龟
甲长 38~66厘米
学名 *Macrochelys temminckii*

(小鱼)

(水生昆虫)

(蛙)

(螯虾)

[食物]

凶咬龟的形态是什么样的?

凶咬龟仍保持原始型龟的形态,即头部较大,不能完全收缩进入甲壳里。腹甲很小,性情凶暴,全都是肉食性。

凶咬龟
*Chelydra s.
serpentina*
甲长30~47厘米

● 仔细看

凶咬龟的龟甲。

■袖珍动物辞典

鳄甲龟、凶咬龟

● 爬虫纲 ● 龟目 ● 凶咬龟科

鳄甲龟和凶咬龟都是大型的种类,其中鳄甲龟是在淡水生活的龟中体型最大的。两者都性情凶暴,具有攻击性。凶咬龟的产卵期在六月,挖浅穴产卵,个数大约为20~30个卵。

欧洲沼龟 | 甲长 25厘米
学名 *Emys orbicularis*

（蝌蚪）　（水草）

[食物]　（水生昆虫）

沼龟有怎样的生活习性?

沼龟是一种在池塘、河川或湖泊常见的龟。在水边除了在流动的木头上晒太阳外，很少看见它从水里出来。很会游泳，有流线型的身体，蛋形的甲，脚上的蹼很发达。是杂食性的，像小动物、植物、水草等都吃。

沼龟的生活

🔸 常在堤防或流木上晒太阳。

🔸 冬天在堤防附近掘洞而冬眠。

沼龟的种类

布朗林氏沼龟

🔸 甲有铰链。

🔸 在水中冬眠。

密西西比红耳龟

大头龟

🔸 头太大，不能收缩进入甲内。

加罗利那柴棺龟

🔸 只生活在陆上的沼龟甲壳像陆龟一样，高高地隆起，且能紧密地开闭，所以没有重要的敌人。

铰链

🟢 **仔细看**

在腹甲的前面使用铰链，使后面能上举，而能使甲壳紧密地闭合。

■ **袖珍动物辞典**

沼龟

● 爬虫纲 ● 龟目 ● 龟科

沼龟的特征是背甲隆起较低，过半水生生活，在陆地上产卵。欧洲龟是春天在水中交配，产46个卵，孵卵期2~3个月，等到其发展至性成熟需要十年以上的时间，寿命长，可达到70年。

加拉巴哥斯象龟 | 甲长 100~130厘米
学名 *Geochelone e. elephantopus*

（仙人掌的叶子和果实）

[食物]

● 仙人掌的叶子生长在高处，所以加拉巴哥斯象龟的颈部相对地也变得长起来。

哪种龟是陆龟中体形最大的种类？

陆龟类都生活在陆地上，大部分的龟甲隆起很高，脚强壮，没有蹼，但有坚硬的爪。

加拉巴哥斯象龟是陆龟中体型最大的种类，住在加拉巴哥斯诸岛。是当此群岛还与美洲大陆连接时，从大陆迁移来而遗留下来的。吃仙人掌的叶子、果实等。平常居住在没有水分的荒地，只有在产卵时才接近水边的沙地。

● 加拉巴哥斯象龟能将水喝下
后，贮存起来。

哥法龟

🔘 **仔细看**

是住在北美荒漠的陆龟，和
加拉巴哥斯象龟一类很接
近，天气很热时，用类似铁
锹形的前脚(左)挖掘深穴，躲
入其中以避热气。

● 加拉巴哥斯象龟于近水边的沙地产
卵。除产卵和喝水以外都不接近水。

巨人陆龟
*Geochelone
gigantea*
体长100~123厘米

● 住在马卡西岛北方的阿尔达佛岛
和宝西尔诸岛。

■ 袖珍动物辞典

陆龟

●爬虫纲 ●龟目 ●陆龟科

陆龟类全都是草食性，寿命很长，在
缺乏食物的状况下亦能生存。在加拉
巴哥斯群岛的龟，各有各自适应环境
的小差异。

由于长时间食用其肉和脂肪，加之对
其滥加捕杀，所以数量大量减少，于
1959年开始受到保护。

沙龟背甲的成长线很清楚。在早上、傍
晚时出来活动，杂食性，不怕干燥的气
候，故不适合生长在潮湿的地方。

海龟
甲长
100~140厘米

学名 *Chelonia m. mydas*

[食物]

（海藻）

（水母）

（蟹）

海龟会走路吗?

　　海龟这种动物很适应海中的生活。除了产卵或晒太阳以外，是不到陆地上来的。它的脚演化成为鳍形，所以在陆地上不会行走，但在水中行动自如。

　　海龟和其他的海龟类不同，它不是肉食性的，而以吃海藻为主。

[海龟的眼泪]
常听说海龟会流眼泪，其实是在龟的眼球后面有泪腺，将体内多余的盐分溶解于液体内而排出体外。

海龟的产卵过程

① 在夜晚的时候，母龟通常会爬到满潮时海浪冲击不到的沙滩上。

② 挖约一米深的穴。

③ 一次产约100个卵，卵像乒乓球大。

④ 产卵之后，母龟将卵用沙盖上，回到海上。

⑤ 靠太阳的热量，卵在7～10个星期后即会孵化，小海龟互相帮忙爬出沙土。

⑥ 幼小的海龟，凭着天生的本能，向海的方向爬行，回到海上生活。

○ 海龟的幼仔。

[幼龟的敌人]

幼小海龟的敌人很多，如海鸟、大蜥蜴、狗等。幼龟在海面爬行的途中，常遇到敌人的袭击，所以生存率很低，100只当中能生存下来的仅有1～2只。

● 海龟的种类

玳瑁
Eretmochelys imbricata
甲长90厘米

赤蠵龟
Caretta caretta
甲长100厘米

○ 蠵龟产卵的地方较北，是肉食性。

○ 玳瑁的龟甲可用于制造装饰品的原料，由于大量被取用，而有绝种之虑。

■ 袖珍动物辞典

海龟

● 爬虫纲 ● 龟目 ● 海龟科

海龟分布在地球上的热带海域，但有时也游到温带的海域去。高度适应海上生活，在雨季初期产卵，一年可产卵5～7次。

海龟的肉为绿色。成熟长大的龟是草食性，但在幼龟时吃虾或鱼。由于要高举甲壳才能呼吸，所以在陆上动作非常迟缓，而在水中可以潜水长达5个小时之久。

姬蠵龟
Lepidochelys olivacea
甲长70厘米

○ 是海龟当中体形最小的。

革龟

甲长
150~240厘米

学名 *Dermochelys coriacea*

(水母)

(贝类)

[食物]

🔘 仔细看
革龟的脸和口。

❓ **谁是海龟类中最会游泳的?**

革龟是海龟类当中最会游泳的,有非常美丽的流线形体形。背甲不坚硬,但却有着平滑的肌肤,与别的海龟相比,它们能在更深的海里作更长时间及更迅速的游泳。

○ 马甲鱼的一种,常做革龟的"领航人",因为此种鱼喜欢跟随大型而游速很快的动物一起游泳。

■袖珍动物辞典

革龟

●爬虫纲 ●龟目 ●革龟科

革龟的背甲是骨片组合成的,上面覆盖革质的皮肤,而能减少水分的侵袭。背甲上有七支突起的竖条,和腹甲不直接连接。

一次可产下100个左右的卵,卵约7个星期就可孵化完成。肉和蛋可同时食用。为一科、一属、一种。

中国鳖 甲长 17~35厘米

学名 *Trionyx s. sinensis*

[食物]

（水生昆虫）

（贝类）

（蛙）

（小鱼）

（螯虾）

🟢 仔细看

鳖的下颌，看起来非常柔软，但却极有力量，可将贝类咬碎。

鳖习惯水中生活吗?

鳖这类动物很能适应水中的生活，指(趾)间的蹼很发达，在水中动作很敏捷，而且游得很快。

性情很凶暴，遇有袭击会马上采取攻势，反咬对方。全都是肉食性。

🟠 在水底，伸出长颈，利用长长的鼻子伸出水面呼吸，它的泄殖腔附近也可以呼吸。

● 鳖的生活

卵孵化后的幼鳖。

● 遇有东西靠近时，会马上反咬对方。

● 鳖的种类

● 5～7月，在土中生下30～60个卵，产卵后，盖上沙土，大约2个月后就可孵化完成。

刺绿鳖
Trionyx
s. spinifer
甲长45厘米

恒河鳖
Trionyx
gangeticus
甲长70厘米

■袖珍动物辞典

鳖

● 爬虫纲 ● 龟目 ● 鳖科

鳖背甲上的骨板被一皮革质的皮肤覆盖着，且非常柔软，背甲和腹甲以韧带连接。手脚各有三趾，有爪。卵是白色的，直径大约2厘米。在日本和南亚一带，当作食用。

拟鳖属于鳖科，身体构造介于龟类和鳖两者之间。附肢像鳍，很能适应水中生活。用鼻子呼吸，但皮肤或肠也能呼吸。分布在澳洲北部和新几内亚南部的河流中。

拟鳖
Carettochelys
insculpta
甲长50厘米

鳄蜥

全长 65厘米

学名 *Sphenodon punctatus*

[食物]

（昆虫）

（蜘蛛）

鳄蜥属于蜥蜴吗？

鳄蜥看起来非常像普通的蜥蜴，但它身体构造却很像鳄鱼。古代的蜥蜴同类约在2.5亿年至7000万年前绝灭，只有鳄蜥生存下来。仅产于新西兰，现数量减少，濒临绝灭，属于世界上最珍稀的动物之一。

[鳄蜥的头部演化]

鼻尖突出

下颌不能自由活动

牙齿生在颌的内边

牙齿生在颌的外边

鳄蜥

下颌能够活动自如

蜥蜴

● 鳄蜥的生活

头顶上的
眼睛。

● 仔细看

鳄蜥的头顶上有眼睛，为它的第三只眼睛，普通的蜥蜴也有，但不像鳄蜥那样明显。

● 尾能切断，还会再生，但不像普通的蜥蜴，能再生得很完全。

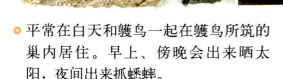

● 平常在白天和鹱鸟一起在鹱鸟所筑的巢内居住。早上、傍晚会出来晒太阳，夜间出来抓蟋蟀。

● 有时吃掉鹱鸟的雏鸟和卵。

■ 袖珍动物辞典

鳄蜥

● 爬虫纲 ● 鳄蜥目 ● 鳄蜥科

鳄蜥科现仅存一属一种，故称"活化石"。从颈部到背部和尾部都有并排刺状的鳞，脚有锐利的爪。

交配时，雌雄泄殖孔相吻合；交配后，精子留在雌的体内，几个月后才受精产卵，卵约3厘米大小，有5~15个。八年后孵化，到成熟约需20年，寿命可达50年以上。

地中海壁虎 | 全长 12~18厘米

学名 *Tarentola mauritanica*

[食物]

（蛾）　（苍蝇）

（蜘蛛）　（蚊子）

❓ 壁虎的外观有什么特征?

壁虎是分布在热带和亚热带区域的蜥蜴同类。大而突出的眼睛及指(趾)端膨大呈吸盘状的鳞，是它的特征。

[壁虎的眼睛]

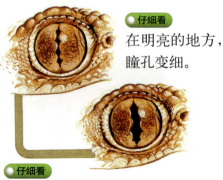

🟢仔细看
在明亮的地方，瞳孔变细。

🟢仔细看
指(趾)端腹面排列横宽的鳞片，有吸盘的作用，适于攀缘。

🟢仔细看
张开嘴巴，做出威吓的样子。

🟢仔细看
在黑暗的地方，瞳孔变大。

● 壁虎的生活

尾的切口

● 壁虎的尾容易断，但马上会再生。

● 在玻璃窗上爬行，一点也不在乎。夜里，在灯光下捕捉昆虫。

 仔细看

壁虎的眼睛不能关闭，所以常用舌头舔眼睛。

● 壁虎的种类

热带大壁虎
Gekko gecko
全长25~30厘米

巴顿氏鳍脚蜥蜴
Lialis burtonis
全长60厘米

飞翔壁虎
Ptychozoon kuhli
全长18厘米

澳洲扁尾壁虎
Phyllurus Platurus
全长20厘米

莫利西斯绿壁虎
Phelsuma cepediana
全长15厘米

■袖珍动物辞典

壁虎

● 爬虫纲 ● 蜥蜴目 ● 壁虎科

壁虎类下眼皮的鳞片是透明的膜状，盖在眼球前面，所以和别的蜥蜴不一样，不能闭上眼睛。

一般是卵生，但也有卵胎生的。一次产两个卵，卵由白壳包起来，附着于树皮内边壁板里。

日本石龙子 全长 20厘米

学名 *Eumeces latiscutatus*

(蜈蚣)

(昆虫)

(蚯蚓)

(蜘蛛)

[食物]

蜥蜴的眼睛和蛇一样吗？

石龙子是常见的蜥蜴，可在庭园边或道路边等处发现，大部分在地上生活，平常在白天行动。遇小的猎物时，即粘在舌上吞下去；遇大的猎物时，则用锐利的牙齿去捕捉。

从地上潜进地下生活，因而眼睛日渐退化，有很多种类的眼睛变成和蛇一样。

[石龙子的幼体]

● 日本石龙子的幼体，常用青色尾巴转移敌人的注意力，再自行切断尾巴逃走。

日本石龙子的生活

- 被敌人袭击时，切断尾就跑。被切断的尾巴会跳，而引开敌人的注意力。

- 在石头下或土中挖洞，产6～12个卵，母蜥很会照顾卵，而且经常变换卵的位置。

- 喜欢晒太阳，常安静地停留在石头上。

- 到秋天就会隐藏在土中或石下进行冬眠。

[蛇蜥]

蛇型蜥蜴
Chalcides chalcides
全长30厘米

- 为适应地中生活的蜥蜴，有像蛇般的体形，分布在欧洲南部。

沙地石龙子
Scincus
scincus
全长20厘米

● 沙地石龙子分布在非洲撒哈拉沙漠。它们可像游泳般潜入沙内或在沙上行走。

阿尔及利亚石龙子
Eumeces
algeriensis
全长42厘米

● 以蜗牛为主食的石龙子。

褐背长尾石龙子
Mabuya
sulcata
全长25厘米

松塔石龙子
Trachydosaurus
rugosa
全长30厘米

● 仔细看

惊吓时，吐出蓝色的舌头并胀大身体。

● 分布在大洋洲。

蓝舌石龙子
Tillqua
s. scincoides
全长60厘米

● 分布在大洋洲。

逆刺石龙子
Egernia stokesii
全长27厘米

○ 跑进岩隙内时，用如刺般的鳞撑住，所以拉不出来。

卷尾蜥蜴
Corucia zebrata
全长65厘米

刺尾跑蜥
Cnemidophorus sackii
全长15厘米

蓝头跑蜥
Ameiva ameiva
全长40厘米

无脚砂蜥
Ophiomorus punctatissimus
全长20厘米

■袖珍动物辞典

石龙子

●爬虫纲 ●蜥蜴目 ●蜥蜴科

石龙子种类在世界约有800种，隶属40余属，中国有8属31种。广泛分布于各大洲的热带和温带。以澳大利亚、西太平洋、南亚和东南亚及非洲最多，美洲种类较少。普遍生活在地上或地里，也有半水栖和树栖的。大部分种类有自割尾巴而逃生的习性。

一般具有圆筒形的体形，身体被滑溜的鳞片以覆瓦状包裹起来。大部分是昼行性，以动物为食物，少数种类兼食植物。生殖方式是卵生或卵胎生。

彩虹饰蜥 全长 15厘米
学名 *Agama agama*

[食物]

（种子）

（昆虫）

❓ **饰蜥的脚和尾强壮吗?**

饰蜥的同类分布在非洲、亚洲、大洋洲的热带地方。为适应树上的生活，脚和尾是长而强壮的体形。

饰蜥类中有的颈周围的褶能胀大，有的能在空中飞行。

🔵 仔细看
彩虹饰蜥利用喉咙下方的褶胀大，威吓对方。

● 饰蜥的种类

安莫伊那饰蜥
Hydrosaurus
amboinensis
全长80厘米

澳洲水蜥
Physignathus
leseurii
全长50~90厘米

苏门答腊攀树蜥蜴
Cophotis
sumatrana
全长20厘米

巨刺蜥蜴
Moloch
horridus
全长15厘米

胡须蜥蜴
Amphibolurus
barbatus
全长60厘米

砂地饰蜥
Phrynocephalus
helioscopus
全长18厘米

变色蜥蜴
Calotes
versicolor
全长30厘米

■袖珍动物辞典

饰蜥

●爬虫纲 ●蜥蜴目 ●饰蜥科

饰蜥类身上有很多各式各样不同的装饰。是昼行性的，大都以吃昆虫为生，卵生，没有自割尾巴的能力。彩虹饰蜥大都在地上生活，肤色能变化，头是三角形，具有长的尾巴，雄的背部有鬃毛状的鳞，兴奋时会倒立。到6~7月繁殖时雄的会和数只雌蜥还有幼蜥在一起建立领域。

马来飞蜥 全长 22厘米
学名 *Draco volans*

折叠飞膜时的样子。

❓ 飞蜥是靠飞膜飞行吗?

飞蜥类是饰蜥的同类,生活在树上,要跳移另一树时,身体两边的膜会张开,像翅膀般地飞向空中。这膜能折叠而肋骨伸出来如伞的骨架作用。

[适应天空飞行的身体]

飞蜥　　　飞翔壁虎　飞蛙

🔘 仔细看

相当于伞骨般的肋骨形状。

■袖珍动物辞典

飞蜥

●爬虫纲 ●蜥蜴目 ●饰蜥科

飞蜥的飞膜有捕捉飞行昆虫的功能,或向雌性炫耀表现时使用。能向空中滑行20~30米,产卵时,飞到地上,掘穴,产2~5个细长的卵。

颈圈蜥蜴 |全长 75~90厘米

学名 *Chlamydosaurus kingii*

●仔细看
折叠颈部附近的褶膜时的样子。

 颈圈蜥蜴怎样威吓敌人?

　　颈圈蜥蜴和饰蜥同类，以树上的昆虫和蜘蛛为食。头小，身体被小型的鳞片覆盖。

　　受到惊吓时，会将颈附近的褶展开，口打开，做出一幅威吓对方的样子。

■袖珍动物辞典

颈圈蜥蜴

●爬虫纲 ●蜥蜴目 ●饰蜥科

颈圈蜥蜴具有身体全长的2/3长尾。颈圈是伸展出去的皮肤靠软骨支撑所形成的，被敌人袭击时，靠着颈圈扩大，使自己的体积看起来较大。另外对雌性展示表现时，有调整温度的作用。和颈圈蜥蜴非常接近的胡须蜥蜴，也同样能展开下颚的皮肤。

变色龙

全长 30厘米

学名 *Chamaeleo jacksoni*

（昆虫）

[食物]

变色龙依光线和温度改变体色吗?

变色龙类为适应树上的生活，趾和尾有能抓树枝或卷树枝的特殊构造。

依光线和温度而改变体色，是众所皆知的。

[变色龙的眼睛]

● 仔细看

左右两边的眼睛，能特别灵活地转动，所以能同时看见各个方向，捕食猎物非常方便。

● 平常动作非常迟缓，但看到猎物是昆虫时，能敏捷地伸出舌头，用粘粘的舌尖去捕捉。

各种的变色龙

①弗夏氏变色龙	②树叶变色龙
③瘦体变色龙	④红条变色龙
⑤地中海变色龙	⑥姬变色龙

变色龙的生活

仔细看

变色龙的脚趾为适应抓取的构造，在地上站立不稳，但是还能行走。

体色的变化

● 光线强而热的地方，体色会变为绿色。光线不强而较阴暗的地方，会变为暗色。

■袖珍动物辞典

变色龙

●爬虫纲 ●蜥蜴目 ●变色龙科

变色龙类除了繁殖期以外都单独生活。大都是卵胎生。在树上生下的幼龙，不久就能行走，只约一天的时间，就会自行捕食。卵生，雌性只在繁殖期间到地面上来挖坑，一次产下近50个卵，并盖上土。卵孵化后，幼龙就自己推开泥土，出现在地面上。

绿色鬣蜥
全长 1.5~2.2米

学名 *Lguana iguana*

（芽）
（花）
（果实）
（蜗牛）

[食物]

❓ 鬣蜥的背上有梳子吗?

　　鬣蜥类是背上到尾部有像梳子般装饰的排列，喉下有大装饰袋。

　　鬣蜥类在树上生活，但也有在地上生活的。奔跑速度相当快，在水中也能游泳，且游得很好。

● 加拉巴哥斯岛的鬣蜥，具有温顺的性情，以吃仙人掌为生。

加拉巴哥斯鬣蜥
Conolophus subcristatus
体长1.2米

206

各种的鬣蜥

加璐琳鬣蜥

褐色立跑鬣蜥

德州角蜥

海洋鬣蜥

黑圈蜥蜴

哥罗拉都刺脚蜥蜴

犀角蜥蜴

褐色立跑蜥蜴是以可将身体举高45°而只用后脚走路著名的。能以时速15千米的速度奔跑。据说还能在水上行走短距离。下图为正在奔跑的褐色立跑蜥蜴。

■袖珍动物辞典

鬣蜥

●爬虫纲 ●蜥蜴目 ●鬣蜥科

鬣蜥类的尾巴占身体全长的2/3，此长尾是当敌人袭击时，取代鞭子的功能当作反击的武器。有属于树上性的也有属于地上性的，动作都很敏捷，住在温度高的水边附近的森林，有危险时，向水中逃走。属于树上性的，晚上下到地面来寻找食物。属于地上性的，住在巢穴中。
绿色鬣蜥是卵生，一般在地面上挖穴，产下20～70个卵。

（蚯蚓）

（蜘蛛）

（昆虫）

[食物]

谁的身材苗条优美？

蛇舅母类和居住在亚洲、欧洲、非洲广大区域的蜥蜴是同类。

和别的蜥蜴不一样，它的身材苗条优美，尾部长，能跑得很快。脚部没有退化，被敌人袭击时，能自割尾部而逃走。

● 住在寒冷地方的保姆蛇舅母，卵在母体的胎内，幼蜥孵化后才离开母体，即行卵胎生。在气候较温暖的地方以卵生的方式生殖。

各种的蛇舅母

日本蛇舅母
Takydromus
tachydromoides
全长22厘米

○ 分布在日本各地的平地、低山地的草丛、田间及旱田等处，在平时都能看到。

绿蛇舅母
Lacerta
v. viridis
全长30~45厘米

豹纹蛇舅母
Podarcis
sicula
全长30厘米

壁墙蛇舅母
Podarcis
m. muralis
全长25厘米

丽纹蛇舅母
Lacerta
l. lepida
全长80厘米

沙蛇舅母
Lacerta
a. agilis
全长20~32厘米

■袖珍动物辞典

蛇舅母

● 爬虫纲 ● 蜥蜴目 ● 蛇舅母科
蛇舅母类的头部是圆锥形，身躯长，眼皮能够动，四肢和尾很发达。体色会随环境改变，但不及变色龙那样敏锐。
保姆蛇舅母住在寒冷的地方，为适应寒冷的气候，以卵胎生方式繁殖，而住在较暖和地方的，一般和蛇舅母一样，以卵生繁殖。

大铠鳞蜥蜴 全长 35厘米
学名 *Cordylus giganteus*

❓ **谁被称为"看守太阳者"？**

　　铠鳞蜥蜴类住在非洲，整个身体被如刺般的鳞所包围。

　　在地上生活，也有日间出来行动的，大多是吃昆虫为生。

　　大铠鳞蜥蜴是这类蜥蜴中体型最为庞大的，常在岩石上，面向太阳伫立不动，故有"看守太阳者"之称。

狻狳蜥蜴
Cordylus
cataphractus
体长20厘米

🟢 **仔细看**

被敌人攻击时，口咬住尾巴，将身体卷成圆形，保护柔弱的腹部。

■袖珍动物辞典

铠鳞蜥蜴

●爬虫纲 ●蜥蜴目 ●铠鳞蜥蜴目

铠鳞蜥蜴科的动物大多吃昆虫或蚯蚓等小型的动物，没有切断尾部的能力。大部分是卵胎生，一次生产最多四只。有许多种类四肢倾向退化。

铠鳞蜥蜴科中的部分种类，包含介于蛇舅母和蜥蜴中间的坚体蜥蜴类。坚体蜥蜴类是卵生的，其鳞片不呈刺状。

黄金裂舌蜥蜴 | 全长 90厘米
学名 *Tupinambis teguixin*

巨鳞裂舌蜥蜴
Dracaena guianensis
全长125厘米

○ 住在南美，生活在沼泽附近。鳞片很大和鳄鱼很相像。

黄金裂舌蜥蜴会袭击鸡吗?

黄金裂舌蜥蜴是住在南美的蜥蜴，它的身体是粗壮的。生活在地上，有坚固的下颚，能吃地上的小动物，有时还会袭击鸡。

[食物]

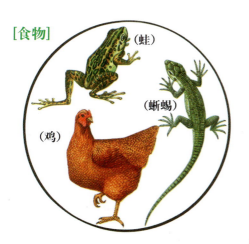

（蛙）

（蜥蜴）

（鸡）

■袖珍动物辞典

黄金裂舌蜥蜴

● 爬虫纲 ● 蜥蜴目 ● 裂舌蜥蜴目
黄金裂舌蜥蜴类和蛇舅母很像，但头骨的构造不同。大部分是昼行性，卵生的。普遍不自割尾巴，但也有切断尾巴的。
黄金裂舌蜥蜴像蛇一样，它的舌尖分叉且舌头很长。肉食性极强。常到人家的住宅附近盗吃鸡蛋，甚至偷袭鸡。

无脚蜥蜴

姬无脚蜥蜴
Anguis
f. fragilis
全长45厘米

○ 体侧没有沟。

(蛞蝓)

(昆虫的幼虫)

[食物]

欧洲无脚蜥蜴
Ophisaurus
apodus
全长100厘米

○ 体侧有沟。

❓ 无脚蜥蜴和蛇像吗?

　　无脚蜥蜴类是因脚退化,所以看起来像蛇一样,分布在欧洲或非洲。生活在石头底下或穴中等潮湿阴暗的地方。

白腹蚓型蜥蜴
Amphisbaena
alba
全长50厘米

○ 在森林中生活。

● 住在南美的蚓蜥或蜥蜴
　类,脚也退化,看起来和
　蛇一样。

● 有前脚,生活在海
　岸的沙中。

双脚蚓型蜥蜴
Bipes
canaliculatus
全长20厘米

毒蜥蜴

美洲毒蜥蜴
***Heloderma
suspectum***
全长60厘米

毒蜥蜴生活在哪里？

　　毒蜥蜴分布在北美，生活在沙漠干燥而岩石多的斜坡之处。捕食老鼠和鸟，下颚的两边有会放出有毒液的毒腺。

墨西哥毒蜥蜴
***Heloderma
horridum***
全长80厘米

● 住在墨西哥的沙漠或干燥的地方。

■袖珍动物辞典

毒蜥蜴

● 爬虫纲 ● 蜥蜴目 ● 毒蜥蜴科

毒蜥蜴科只有美国毒蜥蜴和墨西哥毒蜥蜴两种。其毒有如毒蛇的獠牙，但只有在下颚才有毒腺，为神经毒，尾部粗大是贮藏营养的地方。

干旱时期在沙中过洞穴生活，至雨季时捕食其他动物的卵或幼体，产卵时，用前脚挖穴，一次可产卵3~15个，再盖上沙。卵约一个月孵化。

哥莫都大蜥蜴
全长 2~3米
学名 *Varanus komodoensis*

[食物]

（山猪）

（老鼠）

（鹿）

（野猪）

🔷 大蜥蜴经常把头举得高高的吗？

　　大蜥蜴分布在亚洲、非洲、澳洲。具有长颈，头部经常举得高高的；属于肉食性，只要是比自己小的东西都吃。

　　大蜥蜴类中，体积最大的是居住在印尼哥莫都岛或弗丽斯岛等处的哥莫都大蜥蜴。生活在森林里，白天天气暖和时出来活动、捕捉猎物。

● 各种大蜥蜴

○ 住在水边。

尼罗大蜥蜴
Varanus niloticus
体长2米

○ 住在沙漠地带。

马来大蜥蜴
Varanus salvator
体长2.2米

○ 住在水边。

澳洲大蜥蜴
Varanus giganteus
体长2.4米

○ 有时会袭击人们，只要能吃的东西什么都吃。

[大蜥蜴的舌]

● 仔细看

大蜥蜴的舌头分叉成两支和蛇相像。

■ 袖珍动物辞典

大蜥蜴

●爬虫纲 ●蜥蜴目 ●大蜥蜴科

大蜥蜴科的动物特征有着长长的头和尾，它的四肢非常强壮，并且有强劲的爪，尾部没有自割性，舌头可自由进出，和蛇很相象。卵生，在沙中或树洞中产下硬壳的卵。

雌的大蜥蜴可在沙中产下25个左右约10厘米的卵，约6~8个星期就可孵化。哥莫都大蜥蜴自1931年后，受到印尼政府的严加保护。

欧洲草花蛇 | 仝长 雄1米
仝长 雌1.5米

学名 *Natrix n. natrix*

[食物]

（山椒鱼）

（蛙）

（小鱼）

蛇能一口吃下比自己头大的食物吗？

　　蛇类没有手和脚，它的身体细长，被鳞片包围。由于细长的身体，许多其他动物不能进去的狭小地方，它们都能进去捕获食物。

　　没有手、脚，但比自己头大的食物，都能一口张开将它吞下去。

216

蛇的生活

[蛇的脸]

鼻

眼睛上覆盖薄而透明的膜，所以不能眨眼。

舌头可伸出或收入，感觉味道与震动。

牙齿向后面长，使抓到的猎物不会逃脱。

[蛇的口的构造]

● 仔细看

蛇的下颚肌肉像橡皮筋般，能左右两边张开，并且前后自由移动。

● 用舌感觉猎物，一有动静就追上去，一口顺头部吞下去吃掉。有时用身体的力量将猎物缠绕卷死后，才吞下去。

● 潜入水中，很会抓鱼。（草花蛇或水蛇）

● 蛇把自己的身体挂在树枝上摩擦，经过好几次的蜕皮，而生长。

● 蛇卵是柔软的，可孵出和父母同形的小蛇出来。

褐色蚯蚓蛇 全长 17厘米
学名 *Typhlina braminus*

[食物]

(蚂蚁的卵和幼虫)

(白蚁)

(昆虫的幼虫)

● 有时在花盆里可以发现蚯蚓蛇。

❓ 蚯蚓蛇主要生活在地下吗?

蚯蚓蛇是像蛇般的小型蛇,在地下生活,几乎不到地上来。有眼睛,但只能感觉到光的明暗。口小,开口向腹面。是较为原始的蛇,有些地方像蜥蜴。

● 蚯蚓蛇的幼体,可以说是最小的蛇。

细蚯蚓蛇
Leptotyphlops macrolepis
全长30厘米

● 一般蚯蚓蛇在上颚有牙齿,细蚯蚓蛇只有下颚有牙齿。

● 原始型蛇的同类

赤尾筒蛇
Cylindrophis r. rufus
全长90厘米

潜土彩虹蛇
Xenopeltis unicolor
全长90~120厘米

● 被敌人攻击时，把头藏在躯干下，而尾巴向上举。末端留下爪形的痕迹。

● 持有美丽且滑溜鳞片的蛇，分布在亚洲南部，能适应地下生活。

黄条刺尾蛇
Uropeltis ceylanicus
全长30厘米

● 只吃蚯蚓为生。

锉皮蛇
Acrochordus javanicus
全长1.8~2.3米

■ 袖珍动物辞典

蚯蚓蛇

● 爬虫纲 ● 蛇亚目
● 蚯蚓蛇科(盲蛇科)

蚯蚓蛇属于蚯蚓蛇科，大部分是卵生的，卵形细长；但少数种类为卵胎生。
细蚯蚓蛇是属于细蚯蚓科，也是卵生。两者的形状和生活方式很相似，但血缘关系并不亲密，蚯蚓蛇科和蜥蜴相似；而细蚯蚓科则和蛇相似。

● 鳞片成小型疣状，都在水中生活，在陆上动作极为迟缓，分布在东南亚。

蚺蛇

全长 3~4米

学名 *Boa constrictor*

蚺蛇外观是温和的吗?

　　当蚺蛇类猎获动物时，用粗壮有力的躯干，将其卷困而死，因而得名。外观温和，对人应不会加以伤害。

　　常爬到树上，但仍被叫做"水蚺"，生活在靠近水边的陆上。消化力强，连豪猪都能吞下去，经过几天骨头也能消化掉。

[食物]

(南美蹄鼠)

(松鼠猴)

(老鼠)

● 猎获食物时，用强而有力的躯干将它困死，然后吞下去。

水蚺
*Eunectes
murinus*
全长5~9米

○ 几乎都在水中生活，时常袭击水边附近栖息的鸟等。

● 蚺蛇类

翠绿蚺蛇
*Corallus
caninus*
全长2米

椎体砂蚺
*Eryx
conicus*
全长1米

巴西彩虹蚺蛇
*Epicrates
c. cenchria*
全长2米

[后脚的痕迹]

○ 蚺蛇类或蚺蟒类的腹部都遗留有后脚上的爪痕迹，这表示蛇是从像蜥蜴般的动物演化而来的。

■ 袖珍动物辞典

蚺蛇

● 爬虫纲 ● 蛇亚目 ● 蚺蛇科
● 蚺蛇亚科

蚺蛇科的范围广义时包括蚺蛇，而且分布在全世界。大部分是分布在美洲大陆，椎体砂蚺分布在印度的斯里兰卡。

蚺蛇科的种类中，蚺蛇是无毒的大型蛇，白天偶尔会出来行动，但大多是夜行性的。雌雄都留有后脚爪的痕迹。卵胎生，其幼蛇长大约50厘米。

蚺蟒

网纹蚺蟒
**Rython
reticulatus**
全长5~9.9米

(鹿) (鸟)

(羊)

(山猪)

[食物]

印度蚺蟒
**Python
m. molurus**
全长4~6米

● 一次产下50～100个卵，将身体盘绕，围住卵，保护它们。并且能将体温传与它们，使温度升高。

黑头蚺蛇
**Aspidites
melanocephalus**
全长2~2.5米

[吃蛇的蛇]

和别的蚺蟒不一样，喜欢吃各种的蛇，连毒蛇也照吃不误。

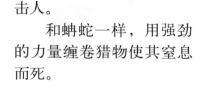 蚺蟒会袭击人类吗？

蚺蟒分布在亚洲和非洲，是和蚺蛇类极为相近的大型蛇。有时候从树上猝然地袭击下面的动物，或侵入人的住屋或袭击猪、羊等家畜，有时会袭击人。

和蚺蛇一样，用强劲的力量缠卷猎物使其窒息而死。

● 蚺蟒的同类

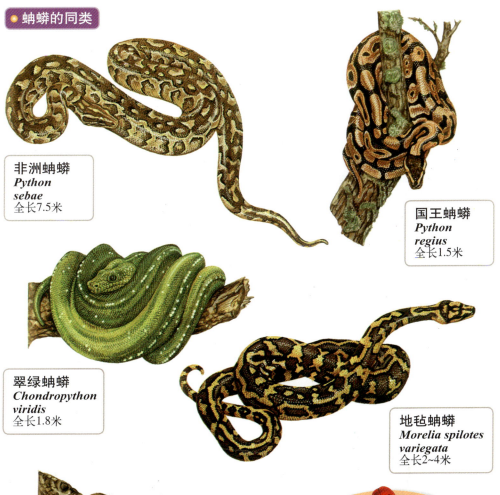

非洲蚺蟒
*Python
sebae*
全长7.5米

国王蚺蟒
*Python
regius*
全长1.5米

翠绿蚺蟒
*Chondropython
viridis*
全长1.8米

地毡蚺蟒
*Morelia spilotes
variegata*
全长2~4米

紫宝蚺蟒
*Liasis
amethistinus*
全长3.5~8.5米

■ 袖珍动物辞典

蚺蟒

● 爬虫纲 ● 蛇亚目 ● 蚺蛇科
● 蚺蟒亚科

蚺蟒的外皮有着美丽的色彩与斑纹，生态依种类而不同，有地栖性、树栖性和半水栖性等。交配后，3~4个月产卵，到孵化前的2~3个月是抱卵期，孵化出来的小蛇有60~70厘米长。
网纹蚺蟒是蚺蟒亚科中最大的。

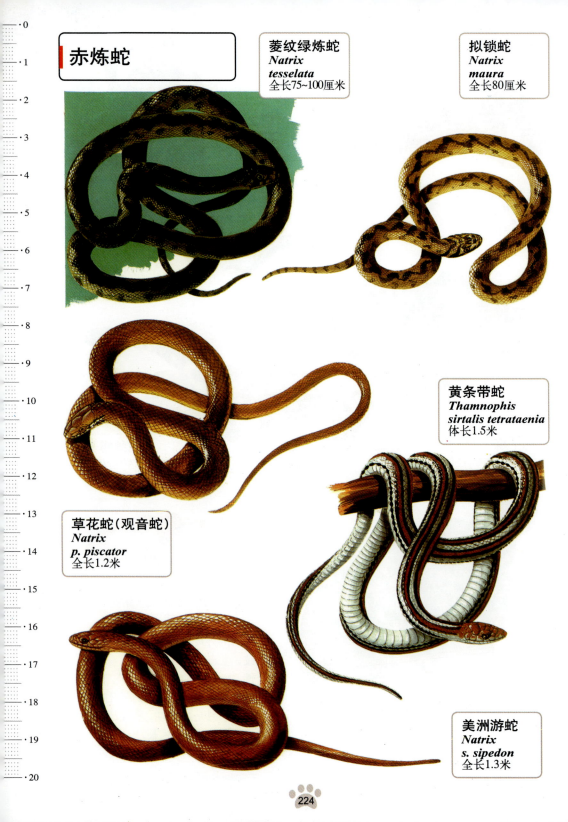

赤炼蛇

菱纹绿炼蛇
Natrix
tesselata
全长75~100厘米

拟锁蛇
Natrix
maura
全长80厘米

黄条带蛇
Thamnophis
sirtalis tetrataenia
体长1.5米

草花蛇（观音蛇）
Natrix
p. piscator
全长1.2米

美洲游蛇
Natrix
s. sipedon
全长1.3米

流水游蛇
*Opisthotrophis
balteata*
全长75厘米

尖吻黑炼蛇
*Heterodon
platyrhinos*
全长1.2米

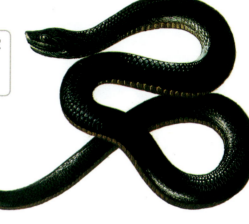

黑头蛇
*Sibynophis
collaris*
全长1米

赤炼蛇
*Rhabdophis
tigrinus*
全长1~1.5米

刺条蛇
*Xenodermus
iavanicus*
全长1米

■**袖珍动物辞典**

赤炼蛇的同类

●爬虫纲 ●蛇亚目 ●黄颔蛇科

赤炼蛇类是典型的蛇群，普遍是半水性，背部脊骨和齿形有特殊的构造。以鱼和两栖类作饵食。

菱纹绿炼蛇和拟锁蛇分布在欧洲，半水性，以鱼为饵食。黄条带蛇分布在北美，是卵胎生，为地栖性及半水栖性的。草花蛇分布在亚洲，是种具有攻击性的蛇，吃田间或沼池的鱼为生，流水游蛇生活在急流的石头下。

草花蛇是台湾常见的蛇，住在水田或水流附近，捕捉蛙或小鱼为生。

褐斑鞭条蛇 全长 2米
学名 *Coluber jugularis*

 鞭条蛇类是爬树的能手吗?

鞭条蛇类是爬树的能手,被惊吓时可迅速从树上逃走。具有攻击性,被抓时,会采取反咬或吞食对方手指的动作。

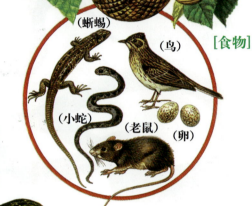

(蜥蜴) (鸟) **[食物]**
(小蛇) (老鼠) (卵)

● **各种的鞭条蛇**

欧洲鞭条蛇
Coluber
v. viridiflavus
全长1.5~2米

黑鞭条蛇
Coluber
c. constrictor
全长1.5米

■ **袖珍动物辞典**

鞭条蛇

● 爬虫纲 ● 蛇亚目 ● 黄颌蛇科
鞭条蛇类的动作很敏捷,但是走路的速度并不快,捕获猎物时,压住而削弱对方的元气,是一种很不普通的捕食法。
欧洲鞭条蛇,分布在欧洲南部,尾部细长,如鞭子般柔软,能爬树也会游泳。

靛蓝鞭条蛇
Drymarchon
corais
全长2.3米

豹纹润蛇 | 全长 1米
学名 *Elaphe situla*

[食物]

（老鼠）

（蛙）

🔧 **捕鼠蛇会被驯服为宠物吗？**

捕鼠蛇类有不少具有鲜明的花斑体色，也有容易驯服而被人作为宠物的，主要以吃老鼠为食。

有的会爬到树上，取鸟卵。很会爬树，但不会游泳。

在台湾，较有名的是臭青公 (*Elaphe Caninata*)。

欧洲四条蛇
Elaphe
q. quatuorlineata
全长2.3米

● 用身体卷死老鼠，一次能连续吃掉大约六只老鼠。

各种的捕鼠蛇

黑条棉蛇
Elaphe scalaris
全长1.2米

细条锦蛇
Elaphe longissima
全长2米

红斑锦蛇
Elaphe g. guttate
全长1.5米

黑锦蛇
Elaphe obsoleta
全长2米

狐斑捕鼠蛇
Elaphe vulpina
全长1.2米

南蛇
Ptyas mucosus
全长2.5米

梯鳞青公
Elaphe climacophora
全长2.5米

豹纹润蛇
Elaphe situla
全长1米

● 通常住在树上，袭击鸟巢吃雏卵或成鸟。有时溜进人们的住宅，去捕食老鼠。

臭青公
Ptyas carinatus
全长3.7米

黄条捕鼠蛇
Elaphe obsoleta quadrivittata
全长2.5米

■袖珍动物辞典

捕鼠蛇

●爬虫纲 ●蛇亚目 ●黄颔蛇科

捕鼠蛇是捕老鼠的高手，但不仅老鼠连蜥蜴或小鸟都吃。它的生活范围很广，如平地、山地、草原、森林、水边、住屋都可看见，是种温顺无毒的蛇。

细条锦蛇在欧洲被尊为希腊医学之神的使者。在春天繁殖，于6～7月产卵，10月前后孵化。

梯鳞青公产卵于5～7月间，约40～50天孵化，需经过3～4年长成成体，且一生不停地成长。

锦蛇
Elaphe t. taeniura
全长2.5米

润蛇、王蛇

欧洲润蛇
*Coronella
a. austriaca*
全长75厘米

东方王蛇
*Lampropeltis
g. getulus*
全长2米

[食物]

（蜥蜴与蛇舅母）

（蛇）

润蛇和王蛇以蛇为食吗？

　　以吃蛇为食的蛇类有润蛇和王蛇。润蛇类活动不太敏捷，但是勒紧力强。分布在北美的王蛇类，像响尾蛇般的毒蛇也会被它勒死而吃掉。

■袖珍动物辞典

润蛇、王蛇

●爬虫纲 ●蛇亚目 ●黄颌蛇科

欧洲润蛇是因它的鳞片滑溜而得名。住在干燥的树林或草原。昼行性且温顺的蛇，对人类无害。是卵胎生，春天交配，生下约20厘米大小的小蛇10只。

东方王蛇大概是对毒蛇的毒腺有免疫性。卵生，一次可产下10~30个卵。

非洲吞卵蛇 | 全长 75厘米
学名 *Dasypeltis scaber*

[蚕卵的过程]

① ②

③

④

● 其后，只见将卵壳吐出。

 哪种蛇以吃卵而著名?

吞卵蛇分布在非洲的草丛，或草丛的疏林草原，以只吃卵为生而著名。

在一年1~2次的鸟类繁殖盛期，可以吃下很多的卵，以外的时期，都可以忍耐熬过。即以喉咙部的骨头刺破吞下的卵，而把卵壳吐出来。

■袖珍动物辞典

吞卵蛇

●爬虫纲 ●蛇亚目 ●黄颔蛇科

吞卵蛇的嘴巴能张开得很大，所以连比自己头颅大2~3倍的鸟卵也能吞下去。吞下去的卵到食道，用颈部肌肉，强力勒紧，使用在背骨下突出的食道齿将卵打破，卵壳就如残渣般的被吐出来，只吃鸟卵，所以在鸟的繁殖期间以外，什么都不吃。

卵生，每次产12~15个卵，3~4个月会孵化。

尖嘴鞭条蛇 全长 1.5米
学名 *Ahaetulla nasutus*

[尖嘴鞭条蛇的头]

🔵 仔细看

眼睛突出，而瞳孔是水平的。

圆头蔓条蛇
Imantodes cenchoa
全长1米

🔧 **尖嘴鞭条蛇能看立体的东西吗？**

尖嘴鞭条蛇生活在树上，在地上动作迟钝缓慢，但在树上极为迅速，瞬间就滑溜般爬到树枝上。

捕食鸟或蜥蜴，可以用两边的眼睛看立体的东西，这是蛇类少有的现象。

🔸 在树枝上极为快速，顺畅地滑行，并且能如飞般地移动离开一段相当长的距离。会拟态，将自己的身体变成树枝状。

🔸 用双眼能看到的范围。

天堂跳蛇 全长 1.5米
学名 *Chrysopelea paradisi*

[腹部的变化]

普通时　　　　飞行时

绿色树枝蛇

跳蛇有很强的飞跳能力吗?

跳蛇能从15～20米高度的树枝上向低的树枝飞跳过去。腹部的两边可展开，其作用如降落伞般，也会爬上垂直的树干、树枝。

非洲蔓条蛇

■袖珍动物辞典

尖嘴鞭条蛇、跳蛇

●爬虫纲 ●蛇亚目 ●黄颔蛇科

尖嘴鞭条蛇或跳蛇的总称为蔓条蛇。蔓条蛇分布在热带湿气多的森林中，是昼行性的。一般躯干长而有扁平的趋势，腹部具有突起，容易抱住树枝。

分布在热带非洲的非洲蔓条蛇是半树栖性的，具有毒牙，虽不是攻击性的蛇，但人若伸出手来，它便会袭击。

美国珊瑚蛇 全长 60厘米

学名 *Micrurus f. fulvius*

[食物]

（小蛇）

？ 珊瑚蛇和眼镜蛇习性相同吗？

珊瑚蛇是属于眼镜蛇类的毒蛇，但是体形和生活方式却完全不同。徘徊在落叶下捕食小蛇或蜥蜴为生。

● **各种的珊瑚蛇**

亚利桑那珊瑚蛇
*Micruroides
e. euryxanthus*
全长50厘米

巴西珊瑚蛇
*Micrurus
f. frontalis*
全长70厘米

■**袖珍动物辞典**

珊瑚蛇

●爬虫纲 ●蛇亚目 ●蝙蝠蛇科

珊瑚蛇的体色和眼镜蛇不一样，颜色非常鲜明，头部小，颈部没有变细。毒蛇中其毒性特别强，属于神经毒。

为夜行性，在腐烂土壤的表层，寂静地生活。5～6月间在地面上的洞穴产细长的卵，10～12个星期后卵孵化，小蛇大约是20厘米大小。

澳洲大眼镜蛇 全长 3~4米
学名 *Oxyuranus scutullatus*

[食物]

（有袋尖鼠）

（老鼠）

（鸟）

眼镜蛇的毒液最多可杀死多少人？

大洋洲有很多的眼镜蛇，澳洲大眼镜蛇的毒液特别猛烈，可杀死50个人，但攻击性不强，遭遇敌人时便逃向草丛里。

虎蛇
Notechis
s. scutatus
全长1.2米

刺嘴眼镜蛇
Acanthopis
a. antarcticus
全长80厘米

■袖珍动物辞典

澳洲眼镜蛇

●爬虫纲 ●蛇亚目 ●蝙蝠蛇科
在眼镜蛇中以大洋洲所产的种类最多，而且一般眼镜蛇科的蛇是卵生，但大洋洲产的却是卵胎生。澳洲大眼镜蛇是地栖性，白昼活动的大型蛇，圆筒型的身体，大大的头部和躯干能区别得很清楚。不是很具攻击性的，但具有强烈且大量的毒液。

印度眼镜蛇 全长 1.8米
学名 *Naja naja*

印度眼镜蛇扬起身体威吓敌人吗？

是眼镜蛇中有名的毒蛇，扬起身体的前半部威吓敌人，如此还不能吓住敌人即攻击去咬。

有些眼镜蛇有时会将毒液喷向敌人的眼睛，它的毒液使猎获的东西麻痹而易吞下去。

仔细看

借身上的花纹引起敌人警戒的印度眼镜蛇。

[食物]

（鸟）

（蛙等的两栖类）

（老鼠等的啮齿类）

[眼镜蛇攻击时的姿态]

喷毒眼镜蛇是上体向后仰，张开口，向敌方的眼睛吐出毒液。

● **仔细看**

毒顺着毒牙而出来。毒牙和蝮蛇的毒牙不一样，只有条沟。

● **各种的眼镜蛇**

黑色树毒蛇
*Dendroaspis
p. polylepis*
全长2~4米

国王眼镜蛇
*Ophiophagus
hannah*
全长4~6米

埃及眼镜蛇
*Naja
h. haje*
全长1.8米

■**袖珍动物辞典**

眼镜蛇

●爬虫纲 ●蛇亚目 ●蝙蝠蛇科

眼镜蛇主要栖息在热带地方，分布在大洋洲的蛇，有半数以上是属于眼镜蛇类。

眼镜蛇的毒叫做蛇毒的神经毒，侵害呼吸中枢，毒牙不像蝮蛇，而只有深沟，所以毒液侵入伤口要多花一点时间。

眼镜蛇是卵生，一次产10～20个卵，约2个月孵化。除埃及眼镜蛇外，其余都是夜行性的，天敌是吃蛇蠓猫。

黑背海蛇 全长 1米
学名 *Pelamis platurus*

[食物]

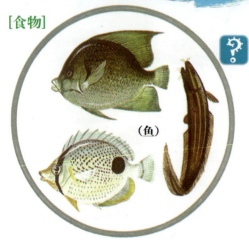

（鱼）

黑背海蛇是最能适应海洋生活的吗?

海蛇是适应于海洋生活的蛇类，和眼镜蛇般具有毒性。大多分布在印度洋西部到西太平洋的热带地方海域。

海蛇生活在湖沼中或因追捕鱼类，而追溯到河口。

黑背海蛇是海蛇中最能适应海洋生活的，广大分布于外洋。

[黑背海蛇的身体]

身体扁平，特别在尾部，扁平成鳍状。

背部是黑色，所以在水面上游泳时，不太显眼。

肺部体积很大，一次能吸很多空气而贮藏起来。

鼻孔附着在背边，潜水时闭起来。

● 各种的海蛇

阔帘青斑海蛇
Laticauda
semifasciata
全长1米

宽尾海蛇
Laticauda
laticauda
全长1.4米

青环海蛇
Hydrophis
cyanocinctus
全长2.1米

疣海蛇
Enhydrina
schistosa
全长1.6米

哈第禹氏海蛇
Lapemis
hardwickii
全长1米

■袖珍动物辞典
海蛇
●爬虫纲 ●蛇亚目 ●海蛇科
海蛇几乎完全生活在水中，大部分种类不能上陆。毒牙不长，生在上颚前端。
产卵期间，不会上陆的海蛇，大多以卵胎生为主。只有阔帘青斑海蛇是卵生，为了产卵秋天上陆地，产下8厘米长的卵，生下的卵约160天孵化。

尖头锁蛇 | 全长 70厘米
学名 *Vipera a. aspis*

[食物]

(小的哺乳动物)

(两栖类)

(鸟)

🔧 锁蛇是最危险的蛇类吗?

　　锁蛇以最危险的蛇而著名。为了将毒液侵入敌人的肉体内,有很适应的身体构造,是蛇类中最进化的种类。

　　头是三角形,尾部短,身体粗短。毒牙在一般时是向后倒,一旦使用时,便能很快地站立。

[锁蛇的头形]

欧洲赤炼蛇　　　　尖头锁蛇

● 各种的锁蛇

欧洲锁蛇
Vipera
b. berus
全长50厘米

拉赛尔氏锁蛇
Vipera
russellii
全长1.7米

噗气锁蛇
Bitis
a. arietans
全长1.5米

具角锁蛇
Cerastes
cerastes
全长60厘米

[毒牙的构造]

● 仔细看

闭口时会通到毒袋。
像管形的通路。

毒袋

● 仔细看

咬时的口和牙。

● 比眼镜蛇的毒牙更进化；像打针的
针筒，牙被拔掉后还会再生长。

■ 袖珍动物辞典

锁蛇

● 爬虫纲 ● 蛇亚目 ● 锁蛇科

锁蛇科的蛇，为了将毒液注入动物体
内，有很精巧的器官，毒性也很强。
大部分是地上生活，但也有地下生
活、半水栖性的生活方式。全都是肉
食性，猎物被它咬到，只要极少量毒
液就能致死。大部分是卵胎生。
尖头锁蛇分布在欧洲南部，以地中海
沿岸地方最多，昼行性，卵胎生。
秋天生产1～2条幼蛇，在岩石间的缝
隙或木头的空穴处冬眠。

草原响尾蛇 | 全长 1.2米
学名 *Crotalus viridis*

[食物]

(小型的哺乳动物)

仔细看
尾节的模样。

颊窝

响尾蛇以振动发声而闻名吗?

响尾蛇以尾部尖端的节能振动发出声音而闻名。通知敌人不要接近。这个节里面是空的,每次蜕皮就会增加。猎物大都是小型的哺乳动物,咬伤并将毒液注入后才将它们吞入。

[颊窝]

仔细看
眼睛和鼻子中间有叫做颊窝的地方,其功能可以获知猎物的藏身处。

242

● 各种的响尾蛇

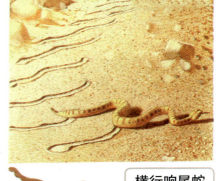

俄勒冈响尾蛇
Crotalus
virdi oreganus
全长1.5米

黑背响尾蛇
Crotalus
atrox
全长2.2米

横行响尾蛇
Crotalus
c. cerastes
全长60~70厘米

● 横形响尾蛇生活于沙漠，以横走运动著名，时速为3～4千米，可谓响尾蛇中爬行速度最快的一种，其毒性比其他响尾蛇较弱。

[响尾蛇的天敌]
响尾蛇终究敌不过东方
王蛇而被吃掉。

南方响尾蛇
Crotalus
d. durisus
全长1.8米

■ 袖珍动物辞典

响尾蛇

●爬虫纲 ●蛇亚目 ●蝮蛇科

响尾蛇的发音器官在尾部尖端的鳞片，每次蜕皮后留下节状而由尖端脱落。在眼睛和鼻子中间的颊窝器官可以感觉温度高低，从而准确地探知猎物的所在位置。

响尾蛇是卵胎生，春天交配，生下10～20只左右的小蛇，其生产次数在南部是每年一次，在北部是两年一次，老鹰、臭鼬、王蛇等是天敌。

243

大陆蝮蛇 | 全长 50~75厘米
学名 *Agkistrodon halys*

[食物]

（啮齿类）

（蛙）

（蜥蜴）

❓ 蝮蛇和响尾虫蛇有什么不同?

蝮蛇类是属于响尾蛇类同类的毒蛇，但却没有能发出声音的尾节。

蝮蛇在日本、中国、原苏联到欧洲东部都能看到，是种小型但很可怕的毒蛇。喜欢潮湿的地方，住在山地和森林。

[蝮蛇攻击时的姿态]

①

②

🔵 仔细看

蝮蛇的毒牙。

● 各种的蝮蛇

凶捷蝮蛇
**Bothrops
atrox**
全长2.5米

青竹丝
**Trimeresurus
gramineus**
全长1米

马来蝮蛇
**Agkistrodon
rhodostoma**
全长1米

菱纹巨蝮
**Lachesis
mutus**
全长3.5米

捕鱼蝮蛇
**Agkistrodon
p. piscivorus**
全长1.5米

■袖珍动物辞典

蝮蛇

● 爬虫纲 ● 蛇亚目 ● 蝮蛇科

蝮蛇从平地到山地都有它的踪迹，特别喜欢潮湿的地方，分布也很广。大部分是夜行性的，毒是出血毒且毒性很强，但蝮蛇不会主动攻击。是卵胎生，于夏天到秋天出生，平均一次产5～6只，但住在热带的蝮蛇是卵生的。

在台湾除青竹丝外还有四种龟壳花，其中台湾的龟壳花*Trimeresurus mucrosquamatus*最常见，还有有名的百步蛇*Aqkistrodon acutus*也属于蝮蛇科的一种。

245

尼罗鳄鱼 | 全长 6~7米
学名 *Crocodylus niloticus*

鳄鱼是在陆地上产卵吗？

鳄鱼的身体很粗重，用健壮的脚支撑，脚指间有蹼，能适应水中的生活，眼睛和鼻子能突出水面而游泳。

只有晒太阳和产卵时才爬上陆地来，其余时间都在水中生活。

[食物]

（鱼）

（哺乳动物）

（鸟）

🔸 鳄鱼的生活

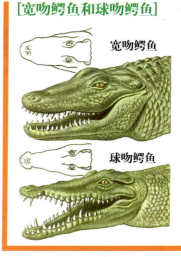

宽吻鳄鱼

球吻鳄鱼

🔸 捕到大型猎物时，将它拖往水中，身体回转，将它撕裂而吞下去。

🔸 在水中，脚贴在身体边，摇动尾巴，使身体起伏而游泳。在陆地上动作迟钝，但是短距离抬起脚来，可以跑得相当快。

🔸 雌的鳄鱼会堆积枯草，而将卵产在其内，到孵化完成前一直在旁边守护。

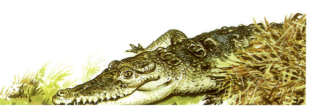

🔸 眼睛和鼻子突出水面，静候猎物，外形看起来很像圆木，所以猎物不存戒心而靠近。

[球吻鳄鱼的同类]

西非矮鳄鱼
*Osteolaemus
t. tetraspis*
全1.2米

沼地鳄鱼
*Crocodylus
p. palustris*
全长5米

江口鳄鱼
*Crocodylus
p. porosus*
全长6~7米

美洲鳄鱼
*Crocodylus
acutus*
全长7米

拟长吻鳄鱼
*Tomistoma
schlegelii*
全长5米

短吻鳄鱼
Melanosuchus niger
全长3~4.6米

[长吻鳄鱼]

长吻鳄鱼
Gavialis gangeticus
全长5~7米

[宽吻鳄鱼的同类]

密西西比鳄鱼
Alligator mississippiensis
全长3~6米

■袖珍动物辞典

鳄鱼

•爬虫纲 •鳄鱼目

鳄鱼是在中生代的侏罗纪(约1.8亿～1.4亿万年前)和白垩纪(约1.4亿～6500万年前)最为繁盛。以后到现在形态没有什么大变化。

鳄鱼是爬虫类中最进化的,有几种接近哺乳类的特征。肉食性、卵生、在水中交配。一次可产20～80个卵,被白而薄的卵壳包起来。雌鳄鱼不抱卵。

卵或幼鳄鱼会被大型的爬虫类或哺乳类捕食,但等到长大后,就没有敌害了。

密西西比鳄鱼 全长 3~6米
学名 *Alligator mississippiensis*

（蛙）
（鱼）
（蛇）
（鸟）
[食物]

宽吻鳄鱼有强烈的母爱吗？

宽吻鳄鱼，体形小，性情温和，只分布在中国和美国，是比球吻鳄鱼更原始的鳄鱼。

宽吻鳄鱼有强烈的母爱，为了防止敌害侵害卵，不离开巢穴守卫，卵孵化后，到次年的春天，一直在旁边守着照顾它们。当宽吻鳄鱼闭上口时，下颚的牙齿不露出，由此点可知和球吻鳄鱼不一样。

宽吻鳄鱼的同类

长江宽吻鳄鱼
Alligator chinensis
全长2米

- 住在中国长江下游；趾没有蹼，会冬眠。

宽吻鳄鱼的生活

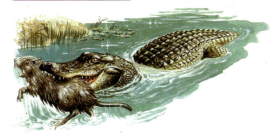

卵齿

- 将林巨鼠或鹿那样大型的哺乳动物拉入水中，窒息而死后将其吃掉。

- 子鳄鱼在孵化时用尖的卵齿冲破卵壳爬出来。卵齿在孵化数日后自动掉落。

- 子鳄鱼孵化后，母亲取下包在卵上面的膜，带入水中。小鳄鱼一直到次年的春天，都以捕鱼为生。

■袖珍动物辞典

宽吻鳄鱼

- 爬虫纲 ● 鳄鱼目 ● 宽吻鳄鱼科

宽吻鳄鱼科的鳄鱼不同于球吻鳄鱼的鳄鱼，上颚有小凹，下颚第四齿收进内处，闭口就看不到，且上颚的第四齿最坚硬。

密西西比鳄鱼分布在北美的东南部。雄性在繁殖期，常争斗，从肛门处分泌腺分泌出如麝香般的香味。卵包在坚固的壳内，一次产15～80个卵。2～3个月后孵化，大约20厘米的小鳄鱼就爬出壳外。

黑短吻鳄鱼

全长 3~4.6米

学名 *Melanosuchus niger*

[食物]

(蛙)

(蜥蜴)

(鱼)

(哺乳动物)

❓ **短吻鳄鱼性情粗暴吗?**

在宽吻鳄鱼类的同类中,除了密西西比鳄鱼和长江鳄鱼以外的种类都叫做短吻鳄鱼。

短吻鳄鱼在陆地上或水中都能行动得极为敏捷。性情粗暴,在繁殖期或受到惊吓时,会发出大声,或咬伤别人。

捕获猎物时,将其拉进水中到溺死后,方肯罢休。

[短吻鳄鱼的眼睛变化]

昼

夜

 仔细看

白天短吻鳄鱼的眼睛像猫的瞳孔一样变细,而没有颜色。在夜间,瞳孔会发出淡红色的光,而能看到东西。其他种鳄鱼也有同样现象。

● 各种的短吻鳄鱼

宽嘴短吻鳄鱼
Caiman latirostris
全长2.5米

球鼻短吻鳄鱼
Caiman c. crocodilus
全长2.7米

矮短吻鳄鱼
Paleosuchus palpebrosus
全长1.45米

● 短吻鳄鱼的生活

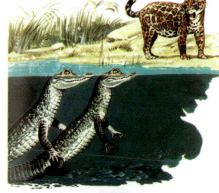

○ 最怕的敌害为美洲虎。见它来时即隐藏在水中，只有眼睛，鼻子露出水面。

■ **袖珍动物辞典**

短吻鳄鱼

● 爬虫纲 ● 鳄鱼目 ● 宽吻鳄鱼科

短吻鳄鱼和别的宽吻鳄鱼不同的地方是，在它的腹部的皮肤有骨板，因这个缘故不能被用做鳄鱼皮。自中美到南美，从最小的矮短吻鳄鱼到最大的黑短吻鳄鱼共有五种。

雌短吻鳄鱼将泥和草搅抖均匀，在中间挖一个洞，然后产下约50个卵，卵壳坚固，小鳄鱼使用卵齿打破。小鳄鱼身长大约30厘米。

黑短吻鳄鱼是短吻鳄鱼中最大的种类，住在亚马逊河和奥利乃哥河的流域。原本是温和的鳄鱼，有时也会袭击大型的哺乳类。

○ 粗暴的短吻鳄鱼，有攻击而咬住大型动物的习惯。

长吻鳄鱼 | 全长 5~7米

学名 *Cavialis gangeticus*

[长吻鳄鱼的捕鱼方法]

● 仔细看

普通球吻鳄鱼

一口就咬捕。

● 仔细看

长吻鳄鱼

口端左右摇摆而挟持。

● 危险的时候，只有鼻头伸出水面，而潜在水里静候。

❓ 长吻鳄鱼的胆子很小吗？

长吻鳄鱼比别的鳄鱼住在水中的时间长，大多只有鼻、眼睛突出水面窥视，而将身体躲在水面下。胆小，感觉到危险时，就潜入水中，只有鼻子伸出水面。

用长而突出的口，一张开就能夹住鱼吃。

■ **袖珍动物辞典**

长吻鳄鱼

● 爬虫纲 ● 鳄鱼目 ● 长吻鳄鱼科

长吻鳄鱼只有一种一属一科，和球吻鳄鱼、宽吻鳄鱼两科是上颚的构造不同，它口吻细长，上下两颚有许多锐利的小齿。主食是鱼，很少对人有危害。

雌性在河堤的沙中产约40个卵，卵的直径约9厘米，孵化出的幼鳄体长大约35厘米。

分布在以印度为中心的亚洲南部。